普通高等教育"十二五"规划教材

仪器分析实验

魏福祥　主编

中国石化出版社

内 容 提 要

　　本书为配合仪器分析教学而编写，全书共分 12 章。内容包括：样品处理技术、实验数据分析及结果处理，紫外-可见分光光度法，红外分光光度法，原子发射光谱法，原子吸收光谱法，核磁共振波谱分析法，质谱分析法，电位分析法，伏安分析法，气相色谱法，液相色谱法，设计、研究与综合性实验。实验内容分为验证性实验、综合性实验、设计性实验。2～11 章，每章后面都附有附录，主要介绍了所涉及的典型最新分析仪器的工作原理、实验技术、操作技术，可供读者参考。

　　本书可作为高等院校化学、化工、材料、环境科学、食品科学等专业的实验教材，也可供高等院校相关专业及相关领域科技人员参考。

图书在版编目(CIP)数据

　　仪器分析实验 / 魏福祥主编 . —北京：
中国石化出版社，2013.2(2020.12 重印)
　　普通高等教育"十二五"规划教材
　　ISBN 978-7-5114-1924-8

　　Ⅰ.①仪… Ⅱ.①魏… Ⅲ.①仪器分析–实验–
高等学校–教材 Ⅳ.①O657–33

　　中国版本图书馆 CIP 数据核字(2013)第 007033 号

中国石化出版社出版发行
地址:北京市东城区安定门外大街 58 号
邮编:100011　电话:(010)57512500
发行部电话:(010)57512575
http://www.sinopec-press.com
E-mail:press@sinopec.com
北京艾普海德印刷有限公司印刷
全国各地新华书店经销
*
787×1092 毫米 16 开本 13 印张 325 千字
2020 年 12 月第 1 版第 3 次印刷
定价:30.00 元

前　言

  《仪器分析实验》是一门实践性很强的课程，理论教学与实验教学是一个不可分割的完整体系。搞好实验教学，是完整掌握这门课程的重要环节。《仪器分析实验》的教学目的是为了巩固和加强学生对该课程基本原理的理解和掌握，树立准确的"量"的概念，培养学生独立思考问题、解决问题及实际操作的能力。为实现上述目的，特编写了本书。旨在通过《仪器分析实验》教学，使学生正确掌握基础分析化学的基本操作和基本技能，掌握各类指标的测定方法和测定原理，了解并熟悉一些大型分析仪器的使用方法，培养学生严谨的科学态度，提高他们的动手能力及对实验数据的分析能力，为学生后续的学习深造及走上工作岗位后参加科研、生产奠定必需的理论和实践基础。

  本书在编写过程中，重点突出了现代仪器分析实验内容，保留了部分经典实验。由于对样品分析前，须先进行前处理，因此，书中增加了样品前处理以及数据处理内容。为提高学生知识的应用能力和创新意识，实验内容增加了综合性实验、设计性实验。2～11章，每章后面都附有附录，主要介绍了所涉及的典型最新分析仪器的工作原理、实验技术、操作技术，供读者参考。

  本书编写过程中，参考了一些相关的优秀教材、专著和其他文献，在此向有关作者表示感谢！同时，此书编写中也得到了河北科技大学环境科学与工程学院实验室老师们的全力支持，得到了河北省分析测试中心刘英华老师的支持，研究生张楠、姜旭平、姜晓晴、许嫔、何礼、张尚正做了大量工作，在此一并表示感谢！

  由于编者水平所限，书中难免存在错误和不足，敬请专家、读者批评指正。

编　者

目　　录

第1章 概 述

1. 样品处理技术

现代分析仪器的发展，仪器分析灵敏度的提高及分析试样基体的复杂化，对样品的前处理提出了更高的要求。目前，现代仪器分析方法中样品前处理技术的发展趋势是速度快、批量大、自动化程度高、方法准确可靠。

样品经采集、制备得到试样后，除了物理检验及少数化学检验项目外，由于待测成分受共存成分的干扰或者由于测定方法的要求，如方法本身灵敏度限制，对待测成分状态的要求等，绝大多数分析方法要求事先对试样进行合理的处理。即在进行分析测定前对试样进行物理的、化学的处理，将待测成分从样品中提取出来，排除其他成分对待测成分的干扰。同时将待测成分浓缩、稀释或转变成分析测定所要求的状态，使待测成分的量及存在形式适应所选分析方法的要求，以保证分析测定结果准确可靠。

样品前处理是指样品的制备和对样品采用合适分解和溶解及对待测组分进行提取、净化、浓缩的过程，使被测组分转变成可测定的形式进行定性、定量分析检测。若选用的前处理手段不当，常常使某些组分损失、干扰组分的影响不能完全除去或引入了杂质。样品前处理的目的是消除基体干扰，提高方法的准确度、精密度、选择性和灵敏度。因此，样品前处理是分析检测过程的关键环节，只要检测仪器稳定可靠，检测结果的重复性和准确性就主要取决于样品的前处理，方法的灵敏度也与样品前处理过程有关一种新的检测方法，其分析速度往往取决于样品前处理的复杂程度。

（1）试样处理技术 对于试样中的各类金属元素的测定，一般首先破坏样品中的有机物质。选用何种方法，某种程度上取决于分析元素和被测样品的基体性质。

① 干灰化法：干灰化法包括高温、低温灰化。高温灰化是指温度高于100℃的灰化。高温干灰化对于生化、环境、食品等样品中有机基体的破坏是行之有效的。样品一般先经过100~105℃的干燥，除去水分及挥发性物质。灰化温度和时间是需要选择的，一般灰化温度约在450~600℃。通常将盛有样品的坩埚（一般可采用铂金、陶瓷坩埚等）放入马弗炉内进行灰化灼烧，冒烟直到所有有机物燃烧完全，只留下不挥发性的无机残留物。这种残留物主要是金属氧化物以及非挥发性硫酸盐、磷酸盐和硅酸盐等。这种方法灰化温度不宜过低，温度低灰化不完全，残存的小碳颗粒吸附金属元素，很难用稀酸溶解，造成结果偏低；灰化温度过高，则损失严重。干灰化法一般适用于金属氧化物，因为大多数非金属甚至某些金属常会氧化成挥发性产物，如 As、Sb、Ge、Ti 和 Hg 等易造成损失。

食品样品分析中多采用高温干灰化法，温度一般都控制在450~550℃进行，灰化温度若高于550℃会引起样品的损失。食品样品中铅和铬的分析，其灰化温度一般都在450~550℃范围内。但对于含氯的样品，由于可能形成挥发性氯化铅，须采取措施防止铅的损失。对于鸡蛋、罐头肉、牛奶、牛肉等多种食品中铅的分析，这种高温干灰化法破坏有机物的方法是可行的。

高温干灰化法的优点是能灰化大量样品，方法简单，无试剂污染，空白低。但对于低沸

1

点的元素常有损失，其损失程度取决于灰化温度和时间，还取决于元素在样品中的存在形式。

为了防止高温干灰化法因挥发、滞留和吸附而损失痕量金属等问题，常采用低温干灰化法。用电激发的氧化分解生物样品的低温灰化器，灰化温度低于100℃，每小时可破坏1g有机物质。这种低温干灰化已用于原子吸收分光光度法测定动物组织中的铍、镉和碲等易挥发元素。低温等离子体灰化法可避免污染和挥发损失以及湿法灰化中的某些不安全性。将盛有试剂的石英皿放入等离子体灰化器的氧化室中，用等离子体破坏样品的有机部分，而使无机成分不挥发。低温灰化的速度与等离子体的流速、时间、功率和样品体积有关。目前，氧等离子体灰化器已用于糖和面粉等样品的前处理。

② 湿消解法：湿式消解法属于氧化分解法。用液体与固体混合物作氧化剂，在一定温度下分解样品中的有机质，此过程称为湿式消解法。湿式消解法与干式灰化法的区别在于，湿式消解法是依靠氧化剂的氧化能力来分解样品，温度不是主要因素。该法常用的氧化剂有 HNO_3、H_2SO_4、$HClO_4$、H_2O_2 和 $KMnO_4$ 等。湿式消解法可分为：

a. 酸消解法。酸消解法可采用稀酸、浓酸、混合酸消解。对于不溶于水的无机试样，可采用稀的无机酸溶液处理。几乎所有具有负标准电极电位的金属均可溶于非氧化性酸，但也有一些金属例外，如 Cd、Co、Pb 和 Ni 与盐酸的反应，反应速度过慢甚至钝化。许多金属氧化物、碳酸盐、硫化物等也可溶于稀酸介质中。为加速溶解，必要时可加热。

为了溶解具有正标准电极电位的金属，可采用热的浓酸，如 HNO_3、H_2SO_4 和 H_3PO_4 等。样品与酸可在容器中加热共沸，或加热回流，或共沸至干。为了增强处理效果，还可采用钢弹处理技术，即样品与酸一起加入至内衬铂或聚四氟乙烯层的小钢弹中，然后密封，加热至酸的沸点以上。这种技术既可保温，又可维持一定压力，挥发性组分又不会损失。热浓酸溶解技术还适用于合金、某些金属氧化物、硫化物、磷酸盐以及硅酸盐的消解等。若酸的氧化能力足够强，且加热时间足够长，有机和生物样品就完全被氧化，各种元素以简单的无机离子形式存在于酸溶液中。

对于特殊样品的消解，可采用混合酸消解法。混合酸消解法是破坏生物样品、食品和饮料有机体的方法之一。通常使用的氧化性酸混合液兼有多种特性，如：氧化性、还原性和络合性，其溶解能力更强。常用的酸混合液是 HNO_3 – $HClO_4$，具体操作一般是将样品与 $HClO_4$ 共热至发烟，然后加入 HNO_3 使样品完全氧化。可用于乳类食品(其中的 Pb)、油(其中的 Cd、Cr)、鱼(其中的 Cu)和各种谷物食品(其中的 Cd、Pb、Mn、Zn)等样品的灰化，对于发样的消解也有良好的结果。HNO_3 – H_2SO_4 的混合酸消解样品时，先用 HNO_3 氧化样品至只留下少许难以氧化的物质，待冷却后，再加入 H_2SO_4，共热至发烟，样品完全氧化。HNO_3 – H_2SO_4 适用于鱼(其中的 Cd)、面粉(其中的 Cd、Pb)、米酒(其中的 Al)、牛奶(其中的 Pb)及蔬菜和饮料(其中的 Cd)等样品的灰化处理。HNO_3 – H_2SO_4 – $HClO_4$ 可用来灰化处理多种样品，如鱼、鸡蛋、奶制品、面粉、牛肝、人发、胡萝卜、苹果、粮食等。HF – HNO_3 （或 H_2SO_4）、HCl – HNO_3 混合酸在消解样品时，HF、HCl 能提供阴离子，而另一种酸具有氧化能力，可促进样品的消解。此外，湿式消解法中使用较为广泛的混合酸还有 HNO_3 – H_2O_2、HNO_3 – H_2SO_4 – H_2O_2，这些酸在测定面粉中的 Al，鱼中的 Cu、Zn 和茶叶中的 Cd 时，都得到应用。

有些试样中的金属元素也可用酸直接浸提出来，如用 HCl 溶液可以提取多种样品中的微量元素。如在 0.5g 均匀食物或粪便中加入 1mol/L 的 HCl6mL，放置 24h，即可定量提取样品中的 Zn。这种简易提取方法还可用来提取其他元素。如血浆在 2mol/L 的 HCl 介质中于 60℃加热 1h，其中的 Mn 可被定量提取；全血及牛肝中的 Cd、Pb、Cu、Zn、Mn 可用 1% HNO_3 溶液定量提取；用三氯乙酸可从血清蛋白中提取出 Fe 和其他金属元素。实验证明，酸浸提法处理样品的分析结果与使用混合酸 $HNO_3 - H_2SO_4 - HClO_4$ 加热消解所得结果一致。

b. 微波消解法。微波消解技术是近年来发展起来的一种样品处理方法。微波是指波长为 0.1mm ~ 1m 的电磁辐射，微波有时也称为高频波。微波加热不像普通加热那样以传导、热辐射的方式，从外向里依次对盛放样品的容器和其中的样品进行加热，而是通过偶极子旋转和离子传导两种方式，里、外同时加热。在微波所产生的交变磁场作用下，极性分子随高频交替排列，导致分子的高速振荡。由于分子热运动和分子间相互作用对振荡的干扰和阻碍，使分子获得了很高的能量。微波溶样的能量大多来自这一过程。这种加热方式使密闭容器内所有物质都可以得到均匀的加热。另外在微波加热中，物质是否升温完全取决于是否有微波输出。即当仪器有微波输出时，物质会迅速被加热而且由于上述的"内加热"作用，物质升温的速度极快；而当微波辐射一旦停止，加热过程也随即结束。这对消解进行温度控制十分有利，是实现消解过程自动控制的基础。无论是均匀加热还是温度可控，都非常有利于样品的消解。随着分析工作对样品消解要求的不断提高，微波消解技术已广泛应用于生物、地质、冶金、煤炭、医药、食品等领域的样品处理过程中。

在微波溶样过程中，样品与酸盛放在聚四氟乙烯压力罐中，罐体不吸收微波，微波穿透罐壁作用于样品及酸液。快速变化的磁场诱导样品分子极化，样品极化分子以极快速度的排列产生张力，使得样品表面被不断破坏，样品表层分子迅速破裂，不断产生新的分子表层。

通常压力罐内的温度和压力可达 200℃和 1.38MPa。在这样的高温高压环境下，样品的表面分子与产生的氧发生作用，达到反复氧化的目的，使样品被迅速溶解；同时氧化性酸及氧化剂的氧化电位也显著增大，使得样品更容易被氧化分解。因此微波对样品与酸液之间的反应有很强的诱发和激活作用，能使反应在很短时间内达到相当剧烈程度。这是其他方法所不具备的。

微波溶样技术常用的消解液有：HNO_3、HF、$HNO_3 - H_2O_2$、$HNO_3 - HCl$、$HNO_3 - H_2SO_4$ 等。该技术具有溶样快速、时间短、试剂用量少、回收率高、污染小、样品溶解完全等优点。因此广泛应用在生物、地质、植物、食品、中药材、环境及金属等样品的溶解。

c. 应用：生物样品的消解：随着人们对微量元素在生物体中作用的认识，生物样品中各元素的含量测定越来越受到人们的重视。其中，中药中重金属问题备受关注。目前，各国对进口中药的质量控制愈加严格，一般要求重金属含量在 10^{-6} 数量级甚至更低，往往借助先进的仪器分析手段，才能够准确检测。常用测定微量元素的方法有 AAS、ICP - AES 等，但在测定中会受到样品中未消解完全的有机质的影响。传统消解手段往往达不到相应的温度，而无法使样品消解完全。密闭微波消解中，容器压力高，使酸的沸点相应升高。如硝酸在 1atm❶ 下，沸点是 120℃，而当压力提升到 5atm 时其沸点可达到 176℃，可以大大加快样品反应速度。此外重金属元素如 Cd、Hg、As、Sb、Bi 等均为易挥发元素，利用常压敞口消解很容易在消解过程中造成损失。采用微波消解则可很好地解决这一问题，这使得微波消解在生物样品检测中得到了广泛的应用。

环境样品的消解：许多环境样品都是经过复杂的作用，沉降后的产物，基体成分复杂，

---

❶ 1atm = 101.325kPa。

既有沉淀下来的重金属，又有农药残留等环境污染物。随着环境与人类健康的关系日益密切，对环境进行分析、监测的需求日益增加。环境样品中通常含有一些有机成分，常压下用酸不易完全分解，而密闭微波消解所能提供的高温可以很好地解决这一问题。

食品试样的消解：对食品中重金属、有机农药残留及其他一些成分的监测，越来越受到人们的关注。食品中大部分为有机成分，在消解过程中有大量 CO_2 产生，另外还有硝酸的还原产物 NO_2，因此，当消解反应开始后，反应体系内压强会迅速增加，所以在消解时需控制微波辐射功率，防止发生危险。食物样品一般不含难消解的物质，同时为减少消解过程中体系内的气体量，在消解食品样品时，一般不加入 HF 和 $HClO_4$。研究表明，当食品中油脂含量较大时，应采用更大的消解压力、增加消解时间或加入 H_2O_2 等试剂以保证样品的完全消解。

（2）分离富集技术　对于试样中的各类有机物的测定，因其分析样品基体复杂、待测组分的含量差异很大，有时含量甚微，其共存组分常常干扰测定。对于试样的处理，一般常用的前处理技术有液 - 液、液 - 固和液 - 气萃取，这些常规技术耗时、耗费溶剂、对环境还会造成污染。为了解决这些问题，随着科学技术的迅猛发展，分析样品前处理技术得到了不断完善和更新。这些新颖的样品前处理技术主要有固相微萃取、超声波萃取、超临界萃取等。

① 固相微萃取技术：固相微萃取(solid phase microextraction，SPME)技术，实际上是一种无溶剂萃取分离技术。SPME 是在微量进样器的针头部分涂一层相当于气相色谱(GC)固定液的物质或键合一层固定相，将涂有固定相的萃取头(针头)插入样品，待测物质将在固定相涂层与样品中进行分配直至平衡；平衡后将萃取头取出，插入气相色谱汽化室，热解吸涂层上的吸附物质。被萃取物在汽化室内解析后，靠流动相将其导入色谱柱，完成分离和定量测定。

a. 萃取头　目前所使用的萃取头有两种类型：第一种形如一个微量进样器，某些气相色谱的固定液涂渍在一根熔融石英(或其他材料)细丝表面构成萃取头；第二种则是内部涂有固定相的细管或毛细管，称为管内固相微萃取。前一种萃取头可直接与分析仪器联用，在进样口将萃取头探入，待分析物解析后进行分离与检测。后一种更多的是与高效液相色谱直接联用，萃取后经溶剂洗脱。

b. 进样方式　固相微萃取进样方式有两种：直接和顶空。直接进样是将纤维头直接插入液体样品中，尤其适于气态样品和干净基体的液体样品。顶空进样是将萃取头置于含有待测样品的上部空间进行萃取的方法。该方法适用于易挥发和半挥发物质，因为该类物质容易逸出溶液上部空间。

固相微萃取技术几乎可用于气体、液体、生物、固体等样品中各类挥发性或半挥发性物质的分析。发展至今已在环境、生物、工业、食品、等领域得到广泛的应用。

② 超声波萃取技术：超声波辅助萃取(ultrasound - assisted extraction)，亦称为超声波萃取(ultrasonic wave extraction)。超声波是指频率为 20kHz ~ 50MHz 的电磁波，它是一种机械波，需要能量载体——介质来进行传播。超声波在传递过程中存在着正负压强交变周期，在正相位时，对介质分子产生挤压，增加介质原来的密度；负相位时，介质分子稀疏、离散，介质密度减小。也就是说，超声波并不能使样品内的分子产生极化，而是在溶剂和样品之间产生声波空化作用，导致溶液内气泡的形成、增长和爆破压缩，从而使固体样品分散，增大样品与萃取溶剂之间的接触面积，提高目标物从固相转移到液相的传质速率。在工业应用方面，利用超声波进行清洗、干燥、杀菌、雾化及无损检测等，是一种非常成熟且有广泛应用

的技术。

超声波震荡提取技术以其提取温度低、提取率高、提取时间短的独特优势被广泛应用于中药材和各种动、植物有效含量的提取，是一种高效、节能、环保式提取的现代高新技术手段。

超声萃取技术的提取速度和提取产物的质量使得该技术成为天然产物和生物活性成分提取的有力工具。特别是生物活性成分的提取已涉及几大类天然化合物（生物碱、皂甙、苷类、糖类、萜类及挥发油等），例如动物组织浆液的毒质，饲料中的维生素 A、维生素 D 和维生素 E，紫杉叶组织中的紫杉醇，迷迭香中的抗氧化剂等。

超声波震荡提取技术用于环境样品预处理主要集中在土壤、沉积物及污泥等样品中有机污染物的提取分离上。被提取的有机污染物包括有机氯农药、多环芳烃、多氯联苯、苯、硝基苯、有机锡化合物、除草剂、杀虫剂等。

③ 超临界流体萃取技术：超临界流体萃取（supercritical fluid extraction，简称 SFE）技术作为一种独特、高效、清洁、节能的分离方法，在天然产物有效成分的提取与分离方面展现出特殊优势。

当流体的温度和压力处于它的临界温度和临界压力以上时，即使继续加压，也不会液化，只是密度增加而已，它既具有类似液体的某些性质，又保留了气体的某些性能，这种状态的流体称为超临界流体。超临界流体萃取（SFE）技术就是利用超临界流体在超临界状态下溶解待分离的液体或固体混合物而使萃取物从混合物中分离出来。

超临界流体具有若干特殊的性质，超临界流体的密度比气体大数百倍，与液体的密度接近。其黏度则比液体小得多，仍接近气体的黏度。扩散系数介于气体和液体之间。因此，超临界流体既具有液体对物质的高溶解度的特性，又具有气体易于扩散和流动的特性。对于萃取和分离更有用的是，在临界点附近温度和压力的微小变化会引起超临界流体密度的显著变化，从而使超临界流体溶解物质的能力发生显著的变化。因此，通过调节温度和压力，人们就可以有选择地将样品中的物质萃取出来。但实际上由于需要考虑其溶解度、选择性、临界值高低以及是否会与所萃取的物质发生化学反应等因素，因此，在工业分离中有实用价值的超临界流体并不多。从临界点数值考虑，较大的临界密度有利于溶解其他物质，较低的临界温度有利于在更接近室温的温和条件下操作；较低的临界压力有利于降低超临界流体发生装置的成本和提高使用的安全性。综合这几点，CO_2 不仅临界密度大（$0.448g/cm^3$），临界温度低（$31.06℃$），临界压力适中（$7.39MPa$），且便宜易得，无毒，化学惰性，易与产物分离，因此，是目前最常用、最有效的超临界流体。

超临界流体萃取的基本原理是：作为溶剂的超临界流体与被萃取物料接触，使物料中的某些组分（称萃取物）被超临界流体溶解并携带，从而与物料中其他组分（称萃余物）分离；接着通过降低压力或调节温度，降低超临界流体的密度，从而降低其溶解能力，使超临界流体解析出其所携带的萃取物。

超临界流体萃取目前已广泛应用于医药、食品、化工、环保等领域。

④ 膜萃取技术：膜萃取又称膜基萃取或微孔膜液萃取，它是将溶剂萃取和膜分离技术结合起来的一种分离方法。膜萃取可用于水 – 有机相体系，在有机相与水相间置以微孔膜（疏水性膜或亲水性膜），膜孔的某侧（水相侧或有机相一侧）就形成有机相 – 水相界面，溶质则通过这一固定的界面从一相传递到另一相而实现分离。另外，膜萃取还可用于非极性有机溶剂 – 极性有机溶剂萃取和双水相溶液的萃取。因此，几乎所有常规的分散相溶剂萃取都

可以用膜萃取代替。目前，膜萃取已广泛应用于环境样品的分离富集以及生物样品中药物的萃取。

（3）不同特性样品前处理技术选择：

① 挥发性、半挥发性化合物：对于挥发性、半挥发性化合物样品的前处理，可采用固相萃取技术、纤维固相微萃取技术、膜萃取、吹扫捕集萃取技术。固相萃取适用于半挥发性化合物，固相微萃取是在固相萃取的基础上发展起来的，它集净化、浓缩于一体，无需使用溶剂。可以进行液相萃取，也可以进行顶空分析，排除了一定的基体干扰，还可重复利用。是一种较好的测定挥发性与半挥发性化合物的前处理技术。膜萃取技术用于挥发性、半挥发性化合物的前处理有较高的选择性，能有效阻止其他杂质的干扰。但耗时长，膜两边存在压差，系统不稳定。吹扫捕集萃取技术也是一个不可多得的分析挥发性与半挥发性化合物的前处理技术。它的优势是能彻底排除基体干扰，能够分析超痕量物质，灵敏度高，富集倍数高于固相微萃取，应用广泛。

② 极性化合物和不稳定化合物：极性化合物和热不稳定化合物的前处理技术有固相萃取、毛细管固相微萃取、膜萃取。最常用的是固相萃取，该方法价格便宜，易掌握，用途广泛。毛细管固相微萃取技术虽也能用于极性化合物的测定，并且效果较好，也易实现自动化，但用途太窄，只能用于洁净水样测定，有一定局限性。

③ 持久性有机污染物和有机金属形态分析：持久性有机污染物和有机金属形态分析，先进的前处理方法有吹扫捕集、超临界流体萃取、微波辅助萃取。吹扫捕集方法只能用于挥发性的有机污染物和有机金属化合物，而微波辅助萃取的用途广泛，多用于多环芳烃类多氯联苯类、除草剂、杀虫剂等持久性有机污染物和有机金属形态的测定。超临界流体萃取也可用于此类待测物的分析，但样品基体存在的硫化物和有机碳会影响萃取效率，基体干扰严重。

④ 半挥发和难挥发的固体和半固体样品：半挥发和难挥发的固体样品分析，应用前景最好的处理方法是加速溶剂萃取。该方法在 50～200℃ 和 10.3～20.6MPa 压力下用溶剂萃取，通过提高温度、压力来提高萃取效率。这样可大大缩短萃取时间，降低溶剂用量。

⑤ 元素总量：元素总量分析的前处理技术是微波消解，微波消解法与常规消化法相比，消解时间短、试剂用量少、空白值低等优点。由于使用密闭容器，样品交叉污染少，也减少了常规消解产生大量酸雾对环境的污染。

2. 实验数据分析及结果处理

（1）误差及误差分类：

① 误差的表征：分析结果的准确度（accuracy）表示测定值与被测组分的真值的接近程度，测定值与真值之间差别越小，则分析结果的准确度越高。

在实际工作中人们总是在相同条件下对样品平行测定几份，然后以平均值作为测定结果。如果平行测定所得数据很接近，说明分析的精密度高。所谓精密度（precision），就是几次平行测定值相互接近的程度。

精密度是保证准确度的先决条件。精密度差，所测结果不可靠，就失去了衡量准确度的前提。高的精密度不一定能保证高的准确度。

② 误差的表示：

6

a. 误差。准确度的高低用误差(error)来衡量。误差表示测定值与真值(true value)的差异。个别测定值 x_1，x_2，…，x_n 与真值之差称为个别测定的误差，分别表示为

$$x_1 - T, \ x_2 - T, \ \cdots, \ x_n - T \tag{1.1}$$

实际上，通常是用各次测定的平均值 $\bar{x}$ 来表示测定结果。因此应当用 $\bar{x} - T$ 来表示测定的误差，它实际上是全部个别测定的误差的算术平均值。误差可用绝对误差(E_a)与相对误差(E_τ)两种方法表示。

绝对误差

$$E_a = \bar{x} - T \tag{1.2}$$

相对误差

$$E_\tau = \frac{E_a}{T} \times 100\% \tag{1.3}$$

误差小，表示测定结果与真值接近，测定的准确度高；反之，误差越大，测定准确度越低。若测定值大于真值，误差为正值；反之，为负值。相对误差反映出误差在测定结果中所占百分率，更具有实际意义，因此，常用相对误差表示测定结果的准确度。

客观存在的真值是不可能准确知道的，实际工作中往往用"标准值"代替真值来检查分析方法的准确度。"标准值"是指采用多种可靠的分析方法、由具有丰富经验的分析人员经过反复多次测定得出的比较准确的结果。有时也将纯物质中元素的含量作为真值。

b. 偏差。偏差是衡量精密度高低的尺度，它表示一组平行测定数据相互接近的程度。偏差小，表示测定的精密度高。

极差 R：极差是指一组测量数据中最大值($X_{最大}$)和最小值($X_{最小}$)之差，它表示测量误差的范围，又称范围误差。

$$R = X_{最大} - X_{最小} \tag{1.4}$$

极差反应的精密度缺少充分性，因为它没有利用测量的全部数据。但计算简便，还可用来近似估计标准偏差。

平均偏差 d。将各次测量值与平均值的差取绝对值，将 n 次绝对值相加求其平均值，即为平均偏差。

$$d = \frac{\sum\limits_{i=1}^{n} | X_i - \bar{X} |}{n} \tag{1.5}$$

式中，X_1，X_2，…，X_n 为各次测量值；n 为测量次数；X 为各次测量的平均值。

常用相对平均偏差来表示：

$$百分相对平均偏差 = \frac{d}{X} \times 100\% \tag{1.6}$$

平均偏差的缺点是无法表示出各个测量值之间彼此符合的情况。因为有这样的可能，在一组测量值中偏差相互接近，而在另一组中则有大有小，但它们的平均偏差完全相同。

标准偏差 S。标准偏差也称均方根差。可表达为：

$$S = \sqrt{\frac{\sum\limits_{i=1}^{n} (X_i - \bar{X})^2}{n-1}} \tag{1.7}$$

式中，X_1，X_2，…，X_n 为各次测量值；n 为测量次数；X 为各次测量的平均值。

标准偏差能较好地表示测量值的离散特性。单次测量值与平均值的偏差经平方取消了负值，其相加值不会相互抵消，而是突出了大偏差的作用。因此，它不仅取决于一组测量中的各个测量值，而且对这组数中的极值反应也较灵敏。

通常用变异系数 CV 或称相对标准偏差把标准偏差与所测的量联系起来：

$$CV = \frac{S}{\bar{X}} \times 100\% \tag{1.8}$$

在估计测量值的离散程度上，用变异系数取代相对平均偏差更合适。

③ 置信区间：置信区间即可靠性区间，表达为

$$\bar{X} \pm \frac{tS}{\sqrt{n}} \tag{1.9}$$

式中，$\bar{X}$ 为各次测量平均值；S 为标准偏差；n 为测量次数；t 为校正系数（称 t 值，或 student's t），见表 1.1。

表 1.1　student's t 表

$n-1$	置信度 E		
	90%	95%	99%
1	6.314	12.706	63.657
2	2.920	4.303	9.925
3	2.353	3.182	5.841
4	2.132	2.776	4.604
5	2.015	2.571	4.032
6	1.943	2.447	3.707
7	1.895	2.365	3.499
8	1.860	2.306	3.355
9	1.833	2.262	3.250
10	1.812	2.228	3.168
11	1.796	2.201	3.106
12	1.782	2.179	3.055
13	1.771	2.160	3.012
14	1.761	2.145	2.977
15	1.753	2.131	2.947
16	1.746	2.120	2.921
17	1.740	2.110	2.898
18	1.734	2.101	2.878
19	1.729	2.093	2.861
20	1.725	2.086	2.845
30	1.697	2.042	2.750
60	1.971	2.000	2.660
120	1.658	1.980	2.617
∞	1.645	1.960	2.576

注：摘自常文保，李克安. 简明分析化学手册. 北京：北京大学出版社，1981。

处理分析数据时，常要求一个可以接受的置信度（即可靠性）。然后找出 X 两边能够保证真值落在其内的置信界限。如果不存在系统误差，当置信度 E 定在 95% 时，式（1.9）就表

示通过 n 次测量，有95%的把握认为真值 μ 是在 $\overline{X} \pm \dfrac{tS}{\sqrt{n}}$ 范围内。

从式(1.9)可见，当置信度一定时，测量的精密度越高，测量次数越多，则置信区间越小，平均值越接近真值。

（2）数据处理中的有效数字：

① 有效数字的意义及位数。在有效数字（significant figure）中，只有最后一位数是不确定的，可疑的。有效数字位数由仪器准确度决定，它直接影响测定的相对误差。零的作用：在1.0008中，"0"是有效数字；在0.0382中，"0"定位作用，不是有效数字；在0.0040中，前面3个"0"不是有效数字，后面一个"0"是有效数字。在3600中，一般看成是4位有效数字，但它可能是2位或3位有效数字，分别写成 3.6×10^{3}，3.60×10^{3} 或 3.600×10^{3} 较好。倍数、分数关系：无限多位有效数字。pH，pM，lg$c$，lg$K$ 等对数值，有效数字的位数取决于小数部分（尾数）位数，因整数部分代表该数的方次。如 pH = 11.02，即 $[H^{+}]$ = 9.6 $\times 10^{12}$ mol/L，其有效数字的位数为两位，而非4位。

② 有效数字的修约规则。"四舍六入五成双"规则：当测量值中修约的那个数字等于或小于4时，该数字舍去；等于或大于6时，进位；等于5时（5后面无数据或是0时），如进位后末位数为偶数则进位，舍去后末位数为偶数则舍去。5后面有数时，进位。修约数字时，只允许对原测量值一次修约到所需要的位数，不能分次修约。

有效数字的修约：

0.32554→0.3255

0.36236→0.3624

10.2150→10.22

150.65→150.6

75.5→76

16.0851→16.09

③ 计算规则。加减法：当几个数据相加减时，它们和或差的有效数字位数，应以小数点后位数最少的数据为依据，因小数点后位数最少的数据的绝对误差最大。例：

0.0121 + 25.64 + 1.05782 = ?

绝对误差 ±0.0001 ±0.01 ±0.00001

在加合的结果中总的绝对误差值取决于25.64。

0.01 + 25.64 + 1.06 = 26.71

乘除法：当几个数据相乘除时，它们的积或商的有效数字位数，应以有效数字位数最少的数据为依据，因有效数字位数最少的数据的相对误差最大。

例：0.0121 + 25.64 + 1.05782 = ?　相对误差 ±0.8%　±0.4%　±0.009%

结果的相对误差取决于0.0121，因它的相对误差最大，所以 0.0121 ×25.6 ×1.06 = 0.328

④ 分析结果表示的有效数字：

高含量（大于10%）：4位有效数字；

含量在1%至10%：3位有效数字；

含量小于1%：2位有效数字。

（3）可疑数据的取舍　测量得到一组数据，常发现某一个值明显地比其他测量值大得多或小得多，对这一可疑值必须找出原因。由于明确的理由，如操作过失等引起的，则可舍去。若不能找到明确的原因，说明它是由偶然因素引起的，这就要用统计学的方法来决定数据的可靠性，在判明它出现的合理性之前，不能轻易舍去。

对于次数少的测量，如 3 ~ 10 次，可疑值对平均值的影响较大，国家计量标准推荐，检验一个可疑值以格鲁布斯（Grubbs）检验法为准；一个以上可疑值，以狄克逊（Dixon）检验为准。常见的 Q 检验，其实与以狄克逊检验相同。

① 正态分布曲线。分析测定中大多测量数据一般符合正态分布规律，即高斯分布（Gaussian distribution），正态分布的概率密度函数是

$$y = f(x) = \frac{1}{\sigma\sqrt{2\pi}}e^{-\frac{(x-\mu)^2}{2\sigma^2}} \tag{1.10}$$

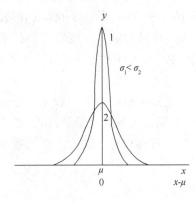

图 1.1　两组精密度不同的测量值的正态分布曲线

式中，y：概率密度；x：测量值；μ：总体平均值，即无限次测定数据的平均值，无系统误差时即为真值，反映测量值分布的集中趋势；σ：标准偏差，反映测量值分布的分散程度；σ 小，数据集中，曲线瘦高；σ 大，数据分散，曲线矮胖，见图 1.1。

$x-\mu$：随机误差。若以 $x-\mu$ 为横坐标，则曲线最高点横坐标为 0。这时表示的是随机误差的正态分布曲线。

正态分布曲线规律：$x=\mu$ 时，y 值最大，体现了测量值的集中趋势。大多数测量值集中在算术平均值的附近，算术平均值是最可信赖值，能很好反映测量值的集中趋势。μ 反映测量值分布集中趋势。曲线以 $x=\mu$ 这一直线为其对称轴，说明正误差和负误差出现的概率相等。当 x 趋于 $-\infty$ 或 $+\infty$ 时，曲线以 x 轴为渐近线。即小误差出现概率大，大误差出现概率小，出现很大误差概率极小，趋于零。σ 越大，测量值落在 μ 附近的概率越小。即精密度越差时，测量值的分布就越分散，正态分布曲线也就越平坦。反之，σ 越小，测量值的分散程度就越小，正态分布曲线也就越尖锐。σ 反映测量值分布分散程度。

标准正态分布曲线横坐标改为 u，纵坐标为概率密度，此时曲线的形状与 σ 大小无关，不同 σ 的曲线合为一条。正态分布曲线与横坐标 $-\infty$ 到 $+\infty$ 之间所夹的面积，代表所有数据出现概率的总和，其值应为 1，即概率 P 为：随机误差出现的区间，见图 1.2。

② t 分布曲线。正态分布是无限次测量数据的分布规律，而对有限次测量数据则用 t 分布曲线处理，见图 1.3。用 S 代替 σ，纵坐标仍为概率密度，但横坐标则为统计量 t。t 定义为：

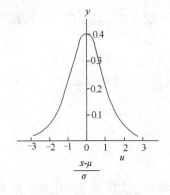

图 1.2　标准正态分布曲线

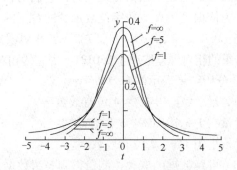

图 1.3　t 分布曲线（$f=1$，5，∞）

$$t = \frac{x - \mu}{S} \qquad (1.11)$$

正态分布横坐标为 u，t 分布横坐标为 t。

自由度 $f(f = n - 1)$，t 分布曲线与正态分布曲线相似，只是 t 分布曲线随自由度 f 而改变。当 f 趋近 ∞ 时，t 分布就趋近正态分布。

③ 显著性检验——significancetest：

a. F 检验法：比较两组数据的方差 S^2：

$$即 \quad F = \frac{S_1^2}{S_2^2} \quad (S_1 > S_2) \qquad (1.12)$$

以确定它们的精密度是否有显著性差异的方法。统计量 F 定义为两组数据的方差的比值，分子为大的方差，分母为小的方差。两组数据的精密度相差不大，则 F 值则趋近于 1；若两者之间存在显著性差异，F 值就较大。在一定的 P（置信度 95%）及 F 时，F 计算 $> F$ 表，存在显著性差异，否则，不存在显著性差异。

b. t 检验法：平均值与标准值的比较为了检查分析数据是否存在较大的系统误差，可对标准试样进行若干次分析，再利用 t 检验法比较分析结果的平均值与标准试样的标准值之间是否存在显著性差异。进行 t 检验时，首先按下式计算出 t 值

$$t = \frac{\overline{x_1} - \overline{x_2}}{S_p} \sqrt{\frac{n_1 n_2}{n_1 + n_2}} \qquad (1.13)$$

式中　S_p 称为合并标准差。

$$S_p = \sqrt{\frac{(n_1 - 1)S_1^2 + (n_2 - 1)S_2^2}{n_1 + n_2 - 2}} \qquad (1.14)$$

若 t 计算 $> t_{\alpha,f}$ 值，存在显著性差异，否则不存在显著性差异。通常以 95% 的置信度为检验标准，即显著性水准为 5%。

④ 异常值（cutlier）的取舍。在实验中得到一组数据，个别数据离群较远，这一数据称为异常值、可疑值或极端值。若是过失造成的，则这一数据必须舍去。否则异常值不能随意取舍，特别是当测量数据较少时。处理方法有 $4d$ 法、格鲁布斯（Grubbs）法和 Q 检验法。

a. $4d$ 法：根据正态分布规律，偏差超过 3σ 的个别测定值的概率小于 0.3%，故这一测量值通常可以舍去。而 $\delta = 0.80\sigma$，$3\sigma \approx 4\delta$，即偏差超过 4δ 的个别测定值可以舍去。

用 $4d$ 法判断异常值的取舍时，首先求出除异常值外的其余数据的平均值和平均偏差 d，然后将异常值与平均值进行比较，如绝对差值大于 $4d$，则将可疑值舍去，否则保留。

当 $4d$ 法与其他检验法矛盾时，以其他法则为准。

b. 格鲁布斯（Grubbs）法：有一组数据，从小到大排列为：x_1，x_2，$\cdots$，x_n 其中 x_1 或 x_n 可能是异常值。

x_n 为异常值时
$$T = \frac{x_n - \overline{x}}{S}$$

x_1 为异常值时
$$T = \frac{\overline{x} - x_1}{S}$$

选定显著水平 α，查表 1.2 中 $T_{\alpha,n}$ 值表进行判别

表 1.2 $T_{\alpha,n}$ 值表

n	显著性水平 α		
	0.05	0.025	0.01
3	1.15	1.15	1.15
4	1.46	1.48	1.49
5	1.67	1.71	1.75
6	1.82	1.89	1.94
7	1.94	2.02	2.10
8	2.03	2.13	2.22
9	2.11	2.21	2.32
10	2.18	2.29	2.41
11	2.23	2.36	2.48
12	2.29	2.41	2.55
13	2.33	2.46	2.61
14	2.37	2.51	2.66
15	2.41	2.55	2.71
20	2.56	2.71	2.88

用格鲁布斯法判断时，首先计算出该组数据的平均值及标准偏差，再根据统计量 T 进行判断。若 $T > T_{a,n}$，则异常值应舍去，否则应保留。

格鲁布斯法优点，引入了正态分布中的两个最重要的样本参数 x 及 S，故方法的准确性较好。缺点是需要计算 x 和 S，手续稍麻烦。

c. Q 检验法：设一组数据，从小到大排列为：x_1，x_2，…，x_{n-1}，x_n。设 x_1、x_n 为异常值，则统计量 Q 为：

x_n 为异常值时

$$Q = \frac{x_n - x_{n-1}}{x_n - x_1}$$

x_1 为异常值时

$$Q = \frac{x_2 - x_1}{x_n - x_1}$$

式中，分子为异常值与其相邻的一个数值的差值，分母为整组数据的极差。Q 值越大，说明 x_n 离群越远。Q 称为"舍弃商"。当 $Q_{\text{计算}} > Q_{\text{表}}$ 时，异常值应舍去，否则应予保留，Q 值表 见表 1.3。

表 1.3 Q 值表

测定次数 n	$Q_{0.90}$	$Q_{0.96}$	$Q_{0.99}$
3	0.94	0.98	0.99
4	0.76	0.85	0.93
5	0.64	0.73	0.82
6	0.56	0.64	0.74
7	0.51	0.59	0.68
8	0.47	0.54	0.63
9	0.44	0.51	0.60
10	0.41	0.48	0.57

（4）标准曲线回归：

① 一元线性回归方法：

$$y_i = a + bx_i + e_i$$

式中 x，y 分别为 x 和 y 的平均值，a 为直线的截距，b 为直线的斜率，e 属随机误差，服从正态分布规律。它们的值确定之后，一元线性回归方程及回归直线就定了。

② 相关系数：

a. 相关系数的定义式如下：

$$r = b \sqrt{\frac{\sum\limits_{i=1}^{n}(x_i - \bar{x})}{\sum\limits_{i=1}^{n}(y_i - \bar{y})}} = \frac{\sum\limits_{i=1}^{n}(x_i - \bar{x})(y_i - \bar{y})}{\sqrt{\sum\limits_{i=1}^{n}(x_i - \bar{x})^2 \sum\limits_{i=1}^{n}(y_i - \bar{y})^2}} \tag{1.15}$$

b. 相关系数的物理意义如下：

当所有的认值都在回归线上时，$r = 1$。

当 y 与 x 之间完全不存在线性关系时，$r = 0$。

当 r 值在 0 至 1 之间时，表示例与 x 之间存在相关关系。r 值愈接近 1，线性关系就愈好。

（5）分析结果的数值表示　报告分析结果时，必须给出多次分析结果的平均值以及它的标准偏差。注意数值所表示的准确度应与测量工具、分析方法的标准偏差相一致。报告的数据应遵守有效数字规则。重复测量试样，平均值应报告出有效数字的可疑数。例：3 次重复结果为 11.32、11.35、11.32，11.3 为确定数，第四位为可疑数，其平均值应报告 11.33。若三次结果为 11.42、11.35、11.22，则小数点后一位就为可疑数，其平均值应报告 11.3。

当测量值遵守正态分布规律时，其平均值最可信赖值，它的标准偏差优于个别测量值，故在计算不少于 4 个测量值的平均值时，平均值的有效数字可增加一位。

一项测定完成后，仅报告平均值是不够的，还应报告这一平均值的标准偏差。在多数场合下，标准偏差只取一位有效数字。只有在多次测量时，取两位有效数字，且最多只能取两位。然而用置信区间来表达平均值的可靠性更可取。

（6）分析测定结果表示　对于试样，选择适当的分析测定方法测定之后，要对测定结果进行表达，并填写报告单。分析结果的表示可以多种多样，但不可任意，要进行科学的表达。

被测组分含量的表示，首先要确定被测组分的化学形式。可以是以元素形式表示，如 C、O、Fe、Cu 等；可以是氧化物的形式，如 CaO、Fe_2O_3、SiO_2 等；也可以是离子形式或化合物形式表示，如 SO_4^{2-}、NO_3^-、KCl、$CaCO_3$、$C_6H_8O_2$（葡萄糖）、$C_2H_5O_2N$（甘氨酸）等。然后再按照确定的形式将测定结果进行换算和表达。使用比较普遍的是以质量分数表示。组分 B 的质量分数 ω_B 的定义是：B 的质量与试样的质量之比，即

$$\omega_B = m_B / m_s \tag{1.16}$$

ω_B 为无量纲。式中 m_B 为被测组分的质量，m_s 为试样质量。通常情况下，为方便比对，该质量分数常常以百分数形式表示，如表示为 $\omega(NaCl) = 16.05\%$。

对于液体样品，除了可以用"质量（百）分数"表示外，还可以用"体积（百）分数"和"质量体积（百）分数"表示。体积（百）分数 $\varphi(V/V)$ 就是被测组分在液体试样中的体积分数：

$$\varphi_x = V_x / V_s \tag{1.17}$$

V_x 为一定温度和压力下被测组分的体积，V_s 为相同温度和压力下试样的体积，V_x、V_s 应取相同的体积单位。

"质量体积（百）分数"通常为 100mL 试液中所含被测组分的质量（g）：$x\% = m_x / V_s \times$

100%，式中 m_x 为被测组分的质量(g)，V_s 为试样体积(mL)。

气体试样测定结果一般也以体积(百)分数表示。

分析结果的表达，除上述依照试样量、测得的数据及有关计算试样中有关组分的含量之外，还要注意结果的"有效数字"取舍及结果的可靠性表达。

3. 分析测试质量保证

众所周知，任何测试均会产生测量误差。分析测试是比较复杂的过程，误差来源很多，如样品的代表性、均匀性、稳定性，样品处理过程的有效性，校准曲线的正确性，测量仪器计量性能的可靠性，实验室环境，测量程序和操作技能等都会影响分析结果的准确度。由此可见，分析测试不是一个简单的过程，而是一个复杂的系统。质量保证的任务就是把所有的误差，其中包括系统误差、随机误差，减少到预期水平。

分析测试的质量保证可分为取样的质量保证和分析检测系统的质量保证。

（1）取样的质量保证　样品是从大量物质中选取的一部分物质。样品的测定结果是总体特性量的估计值。由于总体物质的不均匀性，用样品的测定结果推断总体，必然引入误差，称此误差为取样误差。

取样误差是总误差的一部分，它仅与用样本推断总体有关。取样误差可分为随机误差和系统误差。取样的随机误差是由取样过程中无法控制的随机因素所引起的，增加取样次数，加大取样量，可以减小取样的随机误差。取样的系统误差是由于取样方案不完善、取样设备有缺陷、操作不正确、环境等因素引起的，该误差只能通过严格的取样质量保证工作避免或消除。

取样误差总是和测量误差相关联，通过重复测定多个实验室样品和一个实验室样品的多次测定，可以估计取样误差。则

$$E_s = (E_T^2 - E_m^2)^{1/2} \tag{1.18}$$

在分析化学中，常用 Ingamells 取样常数法估算最小取样量

$$K_s = m(CV)^2 \tag{1.19}$$

式中，m 是每个样品的质量；CV 是样品间的相对误差；K_s 是 Ingamells 取样常数，它相当于 CV = 1% 时的最小取样量。该法的基本原理是，对特定的样品，取样量增加，样品间的相对误差减小，两者的乘积是个常数。因此通过初步实验估算出 K_s 值，如先测定 n 个质量为 m 的样品，算出平均值 $\bar{x}$ 及标准差 S，再算出 CV，由 m 与 CV 的乘积算出 K_s，再根据给定的取样误差估算出最小取样量。

（2）分析过程质量控制　分析检测过程一般包括样品的处理、检测方法和计量标准的选用、测量仪器的校准、测定数据的统计分析和报告测定结果。其中每个环节都和操作者技术、实验室条件、所用试剂以及辅助设备的影响有关。特别是随着痕量分析技术的发展，人们日益重视分析检测过程中的质量控制，以免过失，最大限度地减小系统误差，提高测量的精密度和准确度。

① 样品处理与回收率。样品的消解、溶解和被测组分的分离、富集是分析测量过程中的重要环节。在样品处理过程中可能发生溶解、分离、富集不完全，或组分挥发、分解而产生负的系统误差；另一方面会由于器皿、化学试剂、环境和操作者污染被测组分而产生正的系统误差。在样品处理过程中即使没有产生明显的系统误差，也会引入较大的随机误差。

回收率是样品处理过程的综合质量指标，也是估计分析结果准确度的主要依据之一。通

常用"加标回收"法，即在样品中加入标准物质，测定其回收率，以确定准确度，多次回收实验还可以发现方法的系统误差。其计算式是：

$$回收率 = \frac{加标试样测定值 - 试样测定值}{加标量} \times 100\% \tag{1.20}$$

加入标准物质量的大小对回收率有影响，因此加入标准物质的量应与待测物质的浓度接近为宜。

② 分析空白的控制：

a. 分析空白及其作用。空白包括样品中被测组分受到污染（正空白）、样品中被测组分的损失（负空白）和仪器噪音产生的空白。分析空白及其变动性对痕量和超痕量分析结果的准确度、精密度以及分析方法的检出限起着决定作用。

b. 分析空白的控制。分析空白高而又不稳定的分析方法不能用于痕量或超痕量化学成分的测定。所以消除和控制污染源、减小空白及其变动性是痕量分析的重要工作内容。

c. 空白实验。空白实验（blank test）又叫空白测定。是指用去离子水代替试样的测定，其所加试剂和操作步骤与试样测定完全相同。空白实验应与试样测定同步进行，试样分析时仪器的响应值（如吸光度、峰电流等）不仅是试样中待测物质的分析响应值，还包括所有其他因素，如试剂中的杂质、环境及操作过程中引入的污染等的响应值。空白试验就是要了解它们对试样测定的综合影响。空白试验测得的响应值称为空白试验值。根据空白试验值及其标准差，对试样测定值进行空白校正。

③ 检测方法的主要技术参数和控制指标：

a. 线性范围。待测物质的量或含量与相应测量仪器的相应值或其他指示量之间的定量关系曲线称为校准曲线。分析测定中常用校准曲线的直线部分。某一方法的校准曲线的直线部分所对应的待测物质的量浓度或含量的范围，称为该方法的线性范围。

b. 准确度。准确度是用一个特定的分析程序所获得的分析结果（单次测定值或重复测定值的均值）与假定的或公认的真值之间符合程度的量度。它是反应分析方法或测量系统存在的系统误差和随机误差两者的综合指标，并决定其分析结果的可靠性。评价准确度的方法有两种：一种是用某一方法来分析标准物质，根据其结果确定准确度；第二种是加标回收法。

c. 精密度。精密度是指用一特定的分析程序在受控条件下重复分析均一样品所得测定值的一致程度，它反映分析方法或测量系统所存在随机误差的大小。极差、平均偏差、相对平均偏差、标准差和相对标准差都可用来表示精密度大小，较常用的是标准差。

d. 灵敏度。分析方法的灵敏度是指该方法对单位浓度或单位量的待测物质的变化所引起的相应值变化的程度。它可以用仪器的相应值或其他指示量与对应的待测物质的浓度或量之比来描述，因此常用校准曲线的斜率 k 来度量灵敏度。k 值大，说明方法灵敏度高。灵敏度因实验条件而变。

但在实际工作中，各实验点并不都落在回归直线上，有一定的发散性。实验点的发散性也影响测量方法的灵敏度，发散越大，灵敏度下降。因此灵敏度应定义为 k/s_f，其中 s_f 是线性回归拟合标准差，用下式估算：

$$s_f = \left[\frac{\sum\limits_{i=1}^{n} d_i^2}{n-2} \right]^{1/2} \tag{1.21}$$

式中，d_i 是第 i 个实验点对回归直线的偏离值；n 是实验点数目。

e. 检出限。分析方法的检出限是在一定置信概率下能检出被测组分的最小含量（或浓度）。这个最小含量所产生的信号能与分析空白、仪器噪声在一定的置信概率下区分开来。国际纯粹与应用化学会（IUPAC）1976 年对分析方法的检出限作了如下规定：在与分析实际样品完全相同的条件下，做不加入被测组分的重复测定（即空白试验），测定次数尽可能多（一般为 20 次）。算出空白值的平均值 $\bar{x}_B$ 和空白值的标准差 S_B。在一定置信概率下，与 $3S_B$ 相对应的被测组分的含量 q_L 或浓度 c_L 就是分析方法的检出限，即

$$q_L = \frac{3S_B}{k} , \quad c_L = \frac{3S_B}{k} \tag{1.22}$$

式中，k 为校准曲线斜率。

④ 测定方法的校准。测量方法的校准的目的是建立测量信号与被测化学成分量值的函数关系，即物理信号与化学成分的定量关系。制作准确而有效的标准曲线是获得准确可靠测量结果的重要前提。

a. 使用准确可靠的计量标准：用作制作校准曲线的化学成分标准物质应满足准确度高、变动性小、量值呈梯度的要求，以保证相对于观测物理信号的变动性可以忽略不计，有效地确定测量范围以及测量结果的准确性。

b. 消除或者测定干扰与基体效应的影响：大多数分析测量方法受样品中其他组分或者主体成分的影响，而产生明显的系统误差。通过选用与被测样品组分相同或者接近的标准物质可以消除这一系统误差。在实际工作中会遇到各种样品，并非对任何样品都能找到与之类似的标准物质，因而不得不用纯物质配制标准溶液作校准标准。这时，应根据分析方法和样品的实际情况做干扰实验和基体影响实验，并正确估计影响程度。

c. 控制实验条件，合理设计实验：应按以下原则设计实验：Ⅰ为了尽可能保持测量样品的实验条件与制作校准曲线的条件一致，应在短时间间隔内制作和使用校准曲线；Ⅱ校准曲线上的点最好在 5 个以上，且实验点的量值范围尽可能宽，以提高校准曲线的可靠性与稳定性；Ⅲ各实验点最好重复测量取平均值，至少应在校准曲线的端点作重复测定，以减少实验误差。

第 2 章 紫外－可见分光光度法

实验 1 紫外吸收光谱法测定水中的总酚

一、实验目的

1. 掌握紫外分光光度计测定总酚的原理和方法;
2. 熟悉紫外分光光度计的基本操作技术。

二、实验原理

苯酚是工业废水中的一种有害物质,流入江河,会使水质受到污染,因此在检验饮用水的卫生质量时,需对水中酚含量进行测定。

具有苯环结构的化合物在紫外光区均有较强的特征吸收峰,在苯环上的第一类取代基(致活基团)使吸收更强,而苯酚在270nm处有特征吸收峰,其吸收强度与苯酚的含量呈正比,因此可用紫外分光光度法,根据朗伯－比尔定律直接测定水中总酚的含量。

三、仪器与试剂

1. 紫外分光光度计(附1cm石英池1套);

具塞磨口硬质玻璃试管(或比色管)10mL 若干支;

吸量管   1mL   1支;

移液管   10mL   1支。

2. 0.250g/L苯酚标准溶液:准确称取25.0mg分析纯苯酚,用少量不含酚蒸馏水溶解,移入100mL容量瓶中,并稀释至刻度,混匀。此溶液苯酚含量为0.250mg/mL。

3. 不含酚蒸馏水:(1)蒸馏水加入少量高锰酸钾的碱性溶液(pH > 11)后进行蒸馏制得(蒸馏过程中水应保持红色)。(2)于1L蒸馏水中加入0.2g经200℃活化0.5h的活性炭粉末,充分振摇后,放置过夜。用双层中速滤纸过滤制得。

四、实验内容

1. 溶液的配制:

取5个25mL比色管,分别准确加入1.00mL、2.00mL、3.00mL、4.00mL、5.00mL苯酚标准溶液,用无酚蒸馏水稀释至刻度,摇匀,待测。

2. 吸收曲线的测量:

取上述标准系列溶液中任意溶液,用1cm石英池,以溶剂空白作参比,在220～330nm波长范围内,每5nm测量一次吸光度。

3. 标准曲线的测量:

在苯酚的最大吸收波长(λ_{max})下,用1cm石英池,以溶剂空白作参比,测量标准系列溶液的吸光度。

4. 水样测定：

与测量标准系列溶液相同的条件下，测量水样的吸光度。

五、实验数据处理

1. 列表记录不同波长下同一标准溶液的吸光度值，以吸光度为纵坐标，波长为横坐标，绘制吸收曲线，找出 λ_{max}，计算其 ε_{max}。

2. 列表记录标准系列溶液与水样的吸光度，以吸光度为纵坐标，标准系列溶液浓度为横坐标，绘制标准工作曲线。

3. 计算出水样中苯酚的含量。

六、思考题

1. 实验中为什么使用石英比色皿？

2. 紫外分光光度计基本工作原理？

实验 2 紫外吸收光谱法鉴定苯甲酸、苯胺、苯酚及苯酚含量的测定

一、实验目的

1. 掌握紫外光谱法进行物质定性、定量的基本原理；

2. 学习 UV - 2450 型（或其他型号）紫外 - 可见分光光度计的使用方法。

二、实验原理

物质的紫外吸收光谱基本上是分子中生色团及助色团的特征，而不是整个分子的特征。含有苯环和共轭双键的有机化合物在紫外区有特征吸收。鉴定化合物主要是根据光谱图上的一些特征吸收，特别是最大吸收波长 λ_{max} 及摩尔吸收系数 ε_{max} 来进行鉴定。本实验通过比较最大吸收波长和最大吸收波长所对应的吸光度的比值的一致性来鉴定化合物。由文献查得苯甲酸、苯胺、苯酚的紫外吸收光谱数据，见表 2.1。

表 2.1 苯甲酸、苯胺、苯酚的紫外光谱数据

物 质	λ_{max}/nm	$\varepsilon_{max}/[L/(mol \cdot cm)]$	$\varepsilon_{max}, \lambda_1/\varepsilon_{max}, \lambda_2$	溶 剂
苯甲酸	230	10000	12.5	水
	270	800		
苯胺	230	8600	6.0	水
	280	1430		
苯酚	210	6200	4.3	水
	270	1450		

在紫外分光光度计上分别做 3 种物质水溶液（试液）的吸收曲线，再由曲线上找出 λ_{max}，并计算出 λ_{max} 与其对应的吸光度比值，与表上所列数据进行对照，比较 λ_{max} 及吸光度比值是

18

否一致，即可判断是何种物质。

用紫外分光光度计进行定量分析时，若被分析物质浓度太低或太高，可使透光率的读数扩展 10 倍或缩小 10 倍，有利于低浓度或高浓度的分析，其方法原理是依据朗伯－比耳定律：$A = \varepsilon bc$。

三、仪器与试剂

1. 仪器：

UV－2450 型紫外可见分光光度计；1cm 石英池 2 个；25mL 比色管 10 支；10mL、5mL、1mL 移液管各 1 支；100mL、250mL 烧杯各 1 个；吸耳球 2 个。

2. 试剂：

A 液：约 3×10^{-3} mol/L 苯酚水溶液；B 液：约 3×10^{-3} mol/L 苯甲酸水溶液，制备时若不溶则加热；C 液：约 3×10^{-3} mol/L 苯胺水溶液。

苯酚标准溶液：称取 1.000g 苯酚，用去离子水溶解，转入 1000mL 容量瓶中，用水稀释至刻度，摇匀，即为 1g/L 苯酚标准溶液。吸取 1g/L 苯酚 10mL 与 100mL 容量瓶中，用水稀释至刻度，摇匀，即为 100mg/L。

四、实验内容

1. 定性分析：

（1）分析溶液的制备　取 A 溶液、B 溶液及 C 溶液各 1mL，分别放入 3 个 25mL 比色管中，用蒸馏水稀释至刻度，则得到 A#、B#、C#3 种溶液。

（2）鉴定　在 UV－2450 型紫外－可见分光光度计上，用 1mL 石英池，蒸馏水作参比溶液，在 200～330nm 波长范围扫描，绘制苯甲酸、苯胺及苯酚的吸收曲线。由曲线上找出 λ_{max1}、λ_{max2}，其所对应的吸光度的比值与对应的 ε_{max} 比值进行比较，鉴定 A#、B#、C# 各为哪种物质。

2. 定量分析：

（1）标准曲线的制作　取 5 支 25mL 的比色管，分别加入 1.0mL、2.0mL、3.0mL、4.0mL、5.0mL 苯酚(100mg/L)，用去离子水稀释至刻度，摇匀。用 1cm 石英池，去离子水作参比，在选定的最大波长下，分别测定各溶液的吸光度，以吸光度对浓度作图，作出标准曲线。

（2）定量测定废水中的苯酚含量　准确移取未知液 10mL 于 25mL 比色管中，用去离子水稀释至刻度，摇匀。在同样条件下测定其吸光度，根据吸光度在工作曲线上查出苯酚待测液的浓度，并计算出未知液中苯酚含量。

五、数据处理

1. 苯甲酸、苯胺、苯酚的定性结果

物 质	λ_{max1}/nm	λ_{max2}/nm	ε_{max1}	ε_{max2}	$\varepsilon_{max1}/\varepsilon_{max2}$	鉴定结果
A						
B						
C						

2. 苯酚标准溶液和待测样品吸光度的测定结果

苯酚的量		未　　知		
吸光度				

六、思考题

1. 本实验通过比较最大吸收波长和最大吸收波长下与其所对应的吸光度的比值来鉴定化合物，可否直接通过比较最大吸收波长与其所对应的吸光度来鉴定化合物？为什么？

2. 苯酚的紫外吸收光谱中 210nm、270nm 的吸收峰是由那类电子跃迁产生的？

实验3　紫外光谱法测定工业蒽醌的纯度

一、实验目的

1. 掌握苯衍生物及多环芳香化合物的紫外吸收光谱的特点。
2. 学习有机物的定量分析方法，掌握紫外光谱法测定物质纯度的方法。

二、实验原理

蒽醌结构式为：

由此可见它会产生 $\pi \rightarrow \pi^*$ 跃迁。蒽醌在波长 251nm 处有一强吸收峰[$\varepsilon = 4.6 \times 10^4$ L/(mol·cm)]，在波长 323nm 处还有一中等强度吸收峰[$\varepsilon = 4.7 \times 10^3$ L/(mol·cm)]。工业生产的蒽醌中常常混有副产品邻苯二甲酸酐，它们的紫外吸收光谱如图 2.1 所示。

若选择在 251nm 处测定蒽醌，邻苯二甲酸酐将产生严重干扰。因此实际定量测定时选择的波长是 323nm，由此可避免干扰。

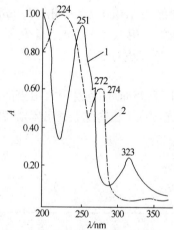

图 2.1　蒽醌(曲线 1)和邻苯二甲酸酐(曲线 2)在乙醇中的紫外光谱

三、仪器与试剂

1. 仪器：

UV - 2450 紫外 - 可见分光光度计，分析天平(1/10000)，容量瓶(10mL、100mL)，移液管(1mL × 1、10mL × 1)。

2. 试剂：

蒽醌标准溶液 10mg/L，邻苯二甲酸酐乙醇溶液 100mg/L，乙醇，工业蒽醌。

四、实验内容

1. 蒽醌吸收曲线的测定：

吸取蒽醌标准溶液 10mg/L，1.0mL 于 10mL 容量瓶中，用乙醇稀释至刻度。以乙醇为参比，在波长 200～400nm 进行光谱扫描。

2. 邻苯二甲酸酐吸收曲线的测定：

配制质量浓度为 100mg/L 邻苯二甲酸酐的乙醇溶液 10mL，以乙醇为参比，在波长 200～400nm 之间进行光谱扫描。

3. 蒽醌标准工作曲线的绘制：

分别吸取蒽醌标准溶液 2.0mL、4.0mL、6.0mL、8.0mL 于 4 只 10mL 容量瓶中，用乙醇稀释至刻度，以乙醇为参比，分别在 323nm 处测定吸光度 A，绘制标准曲线。

4. 试样中蒽醌质量分数的测定：

精确称取 4～5mg 试样，以乙醇溶解，并转移至 100mL 容量瓶中，以乙醇稀释至刻度，以乙醇为参比，在 323nm 处测其吸光度。

五、数据处理

1. 绘制蒽醌及邻苯二甲酸酐的吸收曲线，并找出最大吸收的 λ_{max}。
2. 绘出蒽醌的 $A-C$ 标准曲线。
3. 在标准曲线上查出蒽醌的质量浓度，并计算蒽醌试样中蒽醌的质量分数。

六、思考题

1. 为什么用紫外吸收光谱定量测定时没有加显色剂？
2. 若既要测蒽醌的质量分数又要测出杂质邻苯二甲酸酐质量分数，该如何测定？
3. 为什么用乙醇作参比？

附录：紫外－可见分光光度计简介

1. 紫外分光光度计的工作原理及结构：

（1）紫外－可见分光光度计的工作原理　在双光束仪器中，从光源发出的光经分光后再经扇形旋转镜分成两束，交替通过参比池和样品池，测得的是透过样品溶液和参比溶液的光信号强度之比。由于有两束光，所以对光源波动、杂散光、噪声等影响都能部分抵消。双光束仪器克服了单光束仪器由于光源不稳引起的误差，并且可以方便地对全波段进行扫描。图 2.2 和图 2.3 分别是双光束分光光度计的原理及光路图。

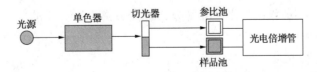

图 2.2　双光束紫外－可见分光光度计原理图

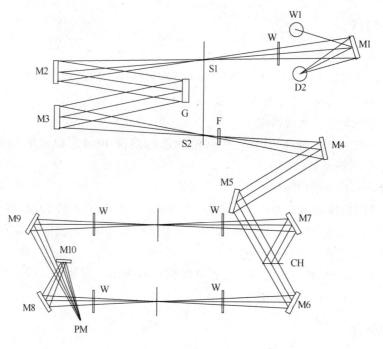

图2.3　岛津双光束紫外－可见分光光度计（UV－2450）光路图

（2）仪器结构　紫外－可见分光光度计由光源、单色器、吸收池、检测器以及数据处理记录系统（软件）等部分组成。

① 光源　光源的作用是提供激发能，供待测分子吸收。要求光源能够提供足够强的连续光谱，有良好的稳定性和较长的使用寿命，且辐射能量随波长无明显变化。但由于光源本身的发射特性及各波长的光在分光器内的损失不同，辐射能量是随波长变化的。通常采用能量补偿措施，使照射到吸收池上的辐射能量在各波长基本保持一致。

紫外－可见分光光度计常用的光源有热辐射光源和气体放电光源。利用固体灯丝材料高温放热产生的辐射作为光源的是热辐射光源，如钨灯、卤钨灯。两者均在可见光区使用，卤钨灯的使用寿命及发光效率高于钨灯。气体放电光源是指在低压直流电条件下，氢或氘放电所产生的连续辐射，一般为氢灯或氘灯，在紫外光区使用。这种光源虽然能提供低至160nm的辐射，但石英窗口材料使短波辐射的透过受到限制（石英约200nm，熔融石英约185nm），当大于360nm时，氢的发射谱线叠加于连续光谱之上，不宜使用。卤钨灯的工作波长范围为300～3300nm，氘灯的工作波长范围为160～400nm，两者组合使用。氙灯是新颖的光源，发光效率高，强度大，而且光谱范围宽，包括紫外、可见和近红外区。扫描光栅型大多能在扫描过程中自动地完成光源切换动作，并自动转换滤光片，以消除高级次谱的干扰。固定光栅型为了保持其高速测量的优点，要避免光源切换。

② 单色器　单色器的作用是把从光源发出的光分离出所需要的单色光。通常由入射狭缝、准直镜、色散元件、物镜和出口狭缝构成，入射狭缝用于限制杂散光进入单色器，准直镜将入射光束变为平行光束后进入色散元件（光栅）。后者将复合光分解成单色光，然后通过物镜将出自色散元件的平行光聚焦于出口狭缝。出口狭缝用于限制通带宽度。

③ 吸收池　用于盛放试液。石英池用于紫外－可见光区的测量，玻璃池只用于可见光区。按其用途不同，可以制成不同形状和尺寸的吸收池，如矩形液体吸收池、流通吸收池、

气体吸收池等。对于稀溶液，可用光程较长的吸收池，如 5cm 吸收池等。图 2.4 为适于微量样品测定的微量液体池，具有小光斑系光学系统。图 2.5 是紫外液体池。

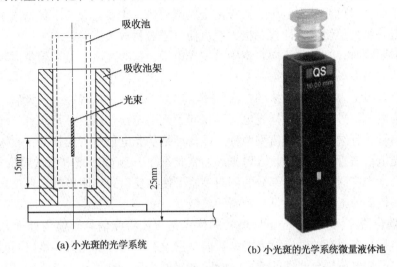

(a) 小光斑的光学系统　　　　　　(b) 小光斑的光学系统微量液体池

图 2.4　适于微量样品测定的微量液体池

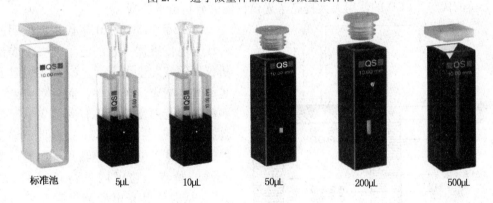

标准池　　　5μL　　　10μL　　　50μL　　　200μL　　　500μL

图 2.5　紫外液体池

④ 检测器　检测器的功能是检测光信号，并将光信号转变成电信号。简易分光光度计上使用光电池或光电管作为检测器。目前最常见的检测器是光电倍增管（PMT），有的用二极管阵列作为检测器（PDA）。

光电倍增管的特点是在紫外 – 可见区的灵敏度高、响应快。但强光照射会引起不可逆损害，因此不宜检测高能量。

a. 光电倍增管（PMT）：光电倍增管（PMT）是一种具有高灵敏度和快速响应的光电探测器，是在光电效应和电子学基础上，利用二次电子倍增现象制成的真空光电器件，它将光能转化为电能，实现光电探测（图 2.6）。

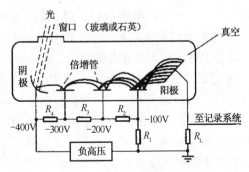

图 2.6　光电倍增管工作原理

光电倍增管（图 2.7）外壳由玻璃或石英材料制成，内部抽真空，具有光电发射阴极（光阴极）和聚焦电极、多个电子倍增极（打拿

23

极）、电子收集极（阳极）。可以将它看作一个具有多级电流放大作用的特殊电子管。阴极（有时称为光阴极）为涂有能发射电子的光敏物质的电极，由 Cs、Sb、Ag 等元素或其氧化物组成，被光子照射时可释放出电子。阳极由金属网组成，主要是收集、传送电子。在阴极和阳极之间装有一系列倍增极，即打拿极，它可使电子数目放大。

当光照射阴极时，光敏物质向真空中激发电子，这些光电子按照聚集电场的方向进入倍增系统，首先被电场加速落在第一个打拿极上，击出二次电子。这些二次电子又被电场加速在第二个打拿极上，而击出更多的二次电子，连续重复上述过程……放大后的二次电子被阳极收集作为电流信号输出。这样光电管不仅起了光电转换作用，并且起着电流放大作用。

光电倍增管，有端窗型和侧窗型两种，端窗型是从光电倍增管的顶部接收入射光，而侧窗型则是从光电倍增管的侧面接收入射光。通常情况下，侧窗型光电倍增管价格相对便宜，并在分光光度计中广泛使用。大部分的侧窗型管子使用反射式光阴极和环形聚焦型电子倍增系统，使其在较低的工作电压下具有较高的灵敏度。

b. 电荷耦合器件（CCD）：光电倍增管的优点是直接将光信号转换为处理方便的电流信号，并且其本身具有很高的电流放大能力。但是它没有空间分辨能力，难以同时检测多波长信号，这是它不如电荷耦合器件的地方。PMT 的灵敏度和线性均比 CCD 好，但 CCD 具有多通道分析的优势，CCD 的使用大大提高了光谱仪器的分析测试速度。

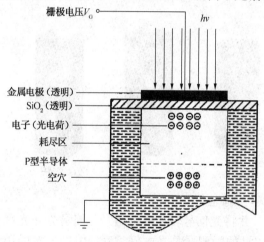

图 2.7　CCD 电荷的产生与存储过程

CCD 是 20 世纪 70 年代初期发明的新一代光电传感器，它的诞生使整个光谱分析仪器领域发生了革命。CCD 不但具有卓越的光电响应量子效率，而且对可见光的频率响应范围宽。它具有固体集成器件所具有的体积小、质量轻、抗振性能强、功耗低的优点，也具有能够并行多通道检测光谱的特点。它可以进行长时间的"积分"，从而使其光电检测灵敏度可与传统的光电倍增管相比拟，并逐渐取代光电倍增管，成为现代光谱分析仪器的检测器。

图 2.7 是 CCD 电荷的产生与存储过程。CCD 是基于金属氧化物半导体（MOS）的光敏元件，即金属电极（M）、氧化物（绝缘体，O）和半导体（如 P 型半导体，S）三层组成，在 MOS 元件的金属层加一正电压后，在氧化物（绝缘层如 SiO_2）和半导体间形成电子势阱，其光生电荷可聚集在此势阱中，电荷量与入射光强度和积分时间有着线性关系。

⑤ 记录、显示系统。紫外-可见分光光度计的整体结构设计一般有两种。一种是将所有的部件，包括光学系统、探测器、电子学系统、微机系统、显示设备等都包含在一个机壳中。这种设计基本无需配置其他设备，可独立地完成分光光度计的所有功能。这种分光光度计大都采用液晶视频显示，还使用了触摸屏。而专业性强的光度计尽可能简化了按钮操作。为了有利于数据交流及功能扩充，很多产品都备有 RS232 接口，可以外接记录仪、计算机或光谱数据站，完成仪器遥控、数据传输、外存、记录等功能。另一种整体结构则是分散式的。最常见的就是将计算机分离出来，而其他部分仍布置在一个机壳中。这种方式可以充分利用 PC 机的资源。操作系统大多采用 Windows 界面，通过 PC 机可以很容易地进行数据的

处理，还可以通过互联网进行数据访问，远程的设备操作。在分散式的基础上还有模块化的布置。这类设计中，各个具备独立功能的系统或部件都可以分离出来，用光缆和电缆相互连接，使用十分灵活。此外，另一项重要的技术就是光纤，光纤使分光光度计的配置更灵活，使用更方便，也是在线测量得以实现的基础。

2. 实验技术：

（1）溶剂的选择　紫外光谱分析，溶剂的选择非常重要，同一种物质溶解在不同的溶剂中，会有不同的分析结果。许多有机溶剂对光的吸收各有自己不同的截止波长，在选用时要注意。表2.2中列出了紫外区常用溶剂的最短可用波长。

表 2.2　紫外区常用溶剂的最短波长

溶剂	二硫化碳	丙酮	吡啶	四氯化碳	甲苯	苯	二甲基甲酰胺	四氯化碳
最短可用波长/nm	380	330	305	290	285	280	270	265
溶剂	甲酸甲酯	乙酸乙酯	乙酸正丁酯	氯仿	二氯甲烷	1，2-二氧乙烷	甘油	乙醚
最短可用波长/nm	260	260	260	245	235	230	220	220
溶剂	己腈	正己烷	对二氧六环	2，2，4-三甲戊烷	异丙醇	乙醇	96%硫酸	水
最短可用波长/nm	215	220	220	215	210	210	210	<210
溶剂	甲醇	甲基环己烷	正丁烷	环己烷	异辛烷			
最短可用波长/nm	210	210	210	<210	<210			

（2）分析波长的选择　同一种物质，不同的分析波长有不同的摩尔吸收系数，即有不同的灵敏度。因此，分析波长的选择影响到分析结果灵敏度和可靠性。

分析波长选择一般是根据试样的吸收光谱，选择最大吸收波长作为分析波长。其原因：一是因为最大吸收波长处摩尔吸收系数 ε 值最大，分析的灵敏度最高。二是吸光度绝对误差 ΔA 变化最小。见图2.8，在图中取 $\Delta \lambda_1 = \Delta \lambda_2$，若选择左边斜肩处的某点处作为分析波长，则 $\Delta \lambda_1$ 所对应的吸光度差值为 $\Delta \lambda_2$。若选择最大吸收峰处作为分析波长，则 $\Delta \lambda_2$ 所对应的吸光度差值为 $\Delta \lambda_1$。显而易见，$\Delta A_1 \ll \Delta A_2$，说明在相同的 $\Delta \lambda$ 下，由于分析时波长位置不同，分析结果的吸光度绝对误差 ΔA 变化的大小也不同。所以，要选择最大吸收波长作为分析波长。

（3）吸光度范围的选择　根据朗伯－比耳定律，吸光度与试样浓度成正比，在不同吸光度(Abs)范围内测定，可引起不同的误差。分析样品浓度太低或太高，吸光度值超越了合适的范围，都不会得到满意的结果。应使被分析样品的浓度范围控制在一个合理范围内。

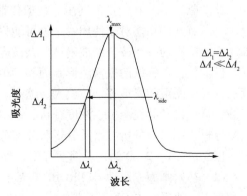

图 2.8　最大吸收波长的选择

试样浓度太低，信号过小，仪器噪声影响较大。试样浓度太大，吸光度值会偏离朗伯－比耳定律，分析误差增大。甚至浓度偏大时，出现吸光度值反而减小的反常现象。

在试样量允许时，试样应选择靠近吸光度值(0.434)的浓度。从理论上讲，吸光度值为0.434时为最佳值，分析误差最小。如果被测试样浓度太大，应向靠近0.434的方向稀释。在不同的吸光度上测试，相对误差和绝对误差都不同。目前，国际上一般紫外可见分光光度计给出的 $\Delta T = \pm 0.3\% T$。

（4）线性动态范围的选择 动态线性范围是仪器响应值与被测定量之间呈线性关系的区间。可以用仪器响应值或被测定量值的高端与低端之差来表征仪器和被定量的线性动态范围。GB/T13966—92《分析仪器术语》中指出：线性范围是仪器的输出与输入保持线性的输入量的范围。也可以用该范围的最大值与最小值之比来表示。

紫外分光光度计的线性动态范围，在高吸收时受杂散光的影响，而在低吸收时受噪声的限制。仪器的线性动态范围，可以通过减少杂散光及降低噪声水平加以拓宽。噪声和杂散光对动态范围影响的大小见图2.9。

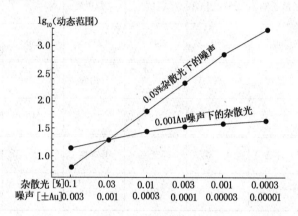

图2.9　噪声和杂散光对动态范围的影响

3. 紫外分光光度计控制及数据处理：

现代分光光度计的软件已不仅仅是用作数值运算的附属工具，而是整台仪器的核心，渗透到分光光度计的各个层面。

软件的作用主要有控制、监测与校正、光谱采集与处理、数据存储与分析等。分光光度计测量波长或范围的设置、光栅运动的驱动和控制、光源的自动切换、滤光片的自动选择、探测器的驱动、A/D转换的同步、数据传输至计算机、数据写入内存、光谱或测量结果的显示，所有这些功能对于使用者来说可能只是按键，但在软件中包含了硬件的监测和校正，如光源的输出功率、波长的准确性、杂散光水平、基线校正等。光谱或数据的处理和分析更是软件的特长。友好的视窗图形界面和菜单操作，光谱图和数据作为文件进行管理、存储和读取，光谱图可随意地移动、放大、缩小、重叠，数据可以被平滑、求导、积分、进行函数运算，可以自动寻找峰值、浓度分析、多组分分析，还可以有多种软件包，如核酸分析、蛋白质分析、动力学分析、水质分析和环保分析等，用于各专业领域。

以岛津UV－2450为例，简要介绍紫外分光光度计软件操作技术。

（1）初始画面 启动UVPROBE以后，出现图2.10的对话窗口，需要输入设定的用户名和密码，然后点击OK健确定。

（2）装置的连接 首先从下拉式菜单的"仪器"项上追加需要的仪器。操作完毕如图

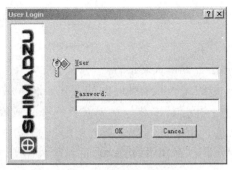

图 2.10 初始画面

2.11 所示，软件中加装了 UV–1800、UV–2550、UV–2450 以及 UV–3600；使用时点击实际连接的仪器，例如下图的 UV–2450，然后点击图 2.11 的连接键②，这样仪器与电脑连接（当然，中间的通讯电缆的连接、通讯口的指定等都是必须的，此处不再赘述）并开始图 2.12 初始化画面。

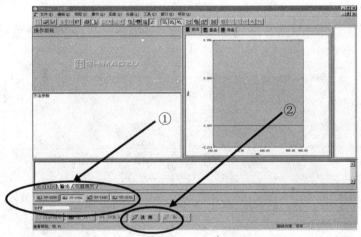

图 2.11 连接

初始化大约需要 5min 左右，进行一系列的检查和初始设置，如一切顺利通过，就可以开始测定。

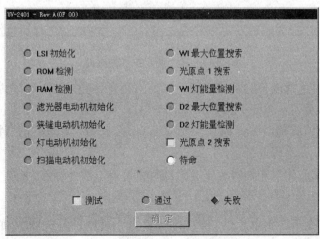

图 2.12 连接后初始化画面

（3）测定　首先选择测定的方式，在主菜单上能发现右图 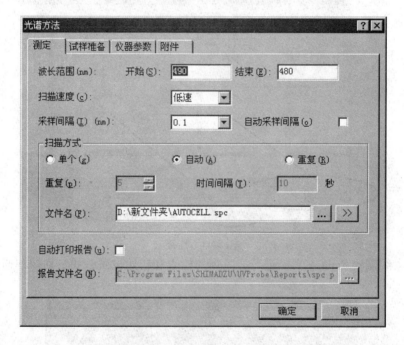 所示的各键，自左至右分别为：

① 报告生成器：用于制作各种格式的报告。

② 动力学测定方式：一般测定吸收值随时间的变化，通常用于酶反应随时间的变化。

③ 光度测定（定量）方式：可进行多波长、单波长、峰高或峰面积定量。校准曲线可使用多点、单点、K 因子等方法。由于具有自定义方程的功能，DNA/蛋白质测定等以前需要特殊选购的软件才能进行的工作，使用 UVPROBE 可自编程序进行测定。

④ 光谱测定方式：可进行紫外可见区的光谱扫描。

（4）光谱测定方式：

① 参数和显示的设置：

a. 参数的设定：点击菜单栏上的 Ｍ 键，即可出现如图 2.13 所示的选择测定条件的画面：

图 2.13　选择测定条件的画面

在此对话框中可选择波长测定的范围、扫描的速度、采样间隔等条件。点击图中［试样准备］标签，可输入重量、体积、稀释因子、光程长等信息。点击图中［仪器参数］标签，可选择测定种类（吸收值、透射率、能量、反射率）以及通带（狭逢）等条件。但是 UV-1800 的通带分别固定为 lnm 不可选择。

如果使用多联式或注射式抽吸装置等附件时，可点击附件标签，在此设置各附件相关的参数条件。

b. 显示设置：点击主菜单上的 键，可分别开关图像面板（图中的左键）、数据处理面板（中）以及方法面板（右键），见图 2.14）。

28

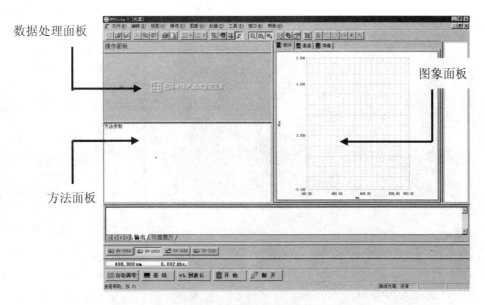

数据处理面板

操作面板

方法面板

图象面板

图 2.14　设置面板画面

② 光谱测定(图 2.15)：首先点击图 2.15 中的②进行基线校正，然后点击③波长设置到 500nm，再点击①自动调零。为何要如此做？原因非常简单，由于一般的分光光度计的能量在 500nm 左右最强，在此自动调零可得到最正确的基线。通常上述操作在开机后进行一次就足够了。此后，设置样品点击④键即可开始测定。

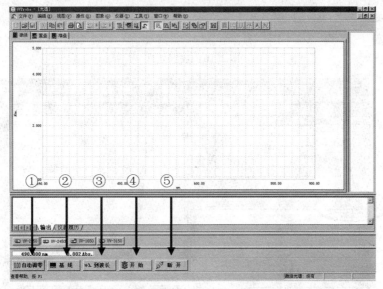

图 2.15　光谱测定画面

③ 数据处理功能。

a. 波长范围以及纵轴范围的变更。变更范围十分简单，只需点击图像上最大和最小的位置，然后输入适当的数字即可。这表示可以随意地放大和缩小图像的标尺。见图 2.16。

此外，在图像上点击鼠标右键，在出现的快捷菜单上选择自动标尺也能使标尺设置到适当的大小。

b. 峰谷检测：点击主菜单上的[数据处理——峰值检测]，出现图 2.17 画面。

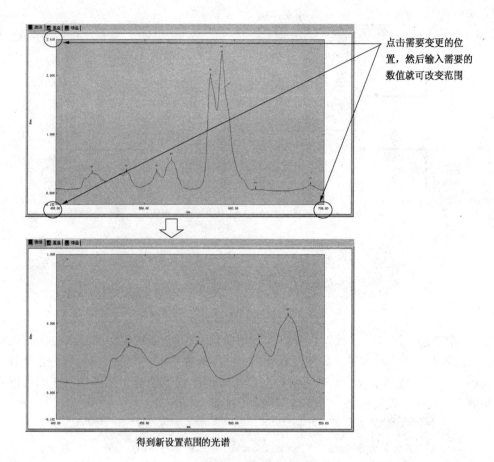

点击需要变更的位置，然后输入需要的数值就可改变范围

得到新设置范围的光谱

图 2.16　数据处理

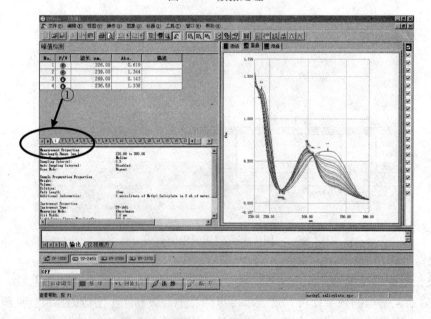

图 2.17　峰谷检测

此处的数据处理面板中出现峰谷表，需要说明的是该结果使用了上一次设置的检测条件，当然用户还可根据自己的需要加以改变。如果图中有多条光谱的话，这些光谱的峰谷表

都将出现在数据处理的面板中，点击表格下的标签①，即可切换。

在数据处理面板上点击鼠标右键，出现快捷菜单，在此菜单中可选择是否在图像中显示峰谷的标记等，见图 2.18 对话框。在快捷菜单上点击属性，出现图 2.19 显示。

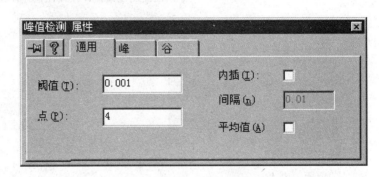

图 2.18　对话框　　　　　　　　　　　　　图 2.19　属性对话框

在属性对话框中可设置阈值，改变峰谷检测的灵敏度。如果点击峰的标签，出现图 2.20 对话框。

图 2.20　峰值检测对话框

用户可选择在图中标注的内容和形式。图 2.21 是上述选择后的图像。

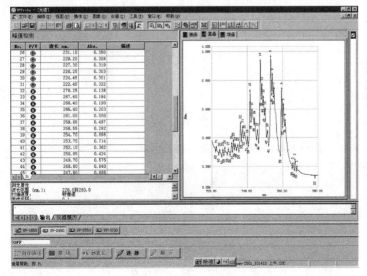

图 2.21　峰谷检测图像

图中峰谷都有编号，而且分别用向下和向上的箭头表示其位置。

c. 光谱颜色的变更。在图像面板上点击鼠标右键，出现如图 2.22 菜单，如果在其中选择自定义后，将出现图 2.23 对话框。

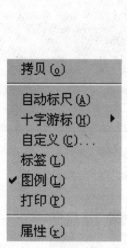

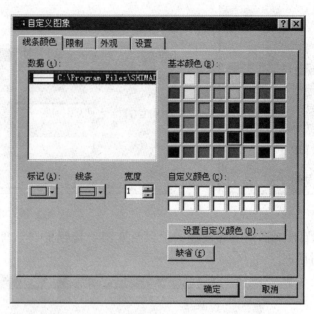

图 2.22　菜单　　　　　　　　　　　　图 2.23　对话框

由图 2.23 可见，光谱的颜色、线的类型、线的粗细等均可自由地设置，十分方便。

如果在快捷菜单上选择十字游标，光谱面板中出现十字游标，可自由移动，便于读取峰谷的位置及强度。如果选取图例的话，图中就可出现光谱的图例。如图 2.24 所示。

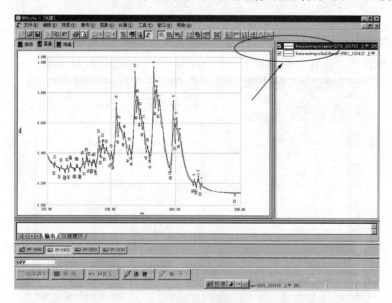

图 2.24　光谱图例

d. 面积计算：如果要计算光谱的面积，请在主菜单中选择 [数据处理——面积计算]。图 2.25 ① 是读数条，左右移动决定光谱面积计算的范围，② 显示的是计算结果。

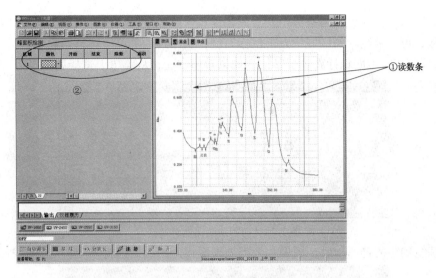

图 2.25　光谱面积计算画面

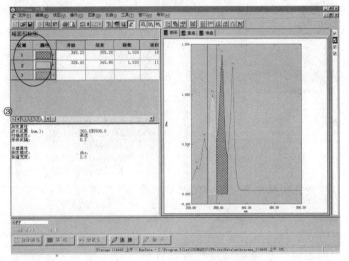

图 2.26　光谱面积计算结果画面

图 2.27 中积分区域的图像格式及色彩可以改变，点击图中③所指的区域出现图 2.27。

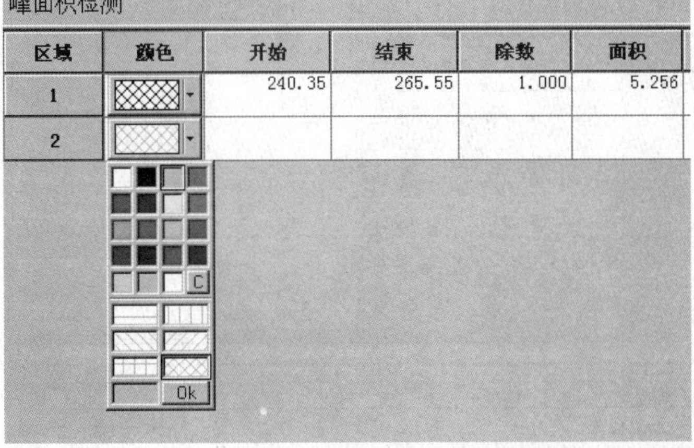

峰面积检测					
区域	颜色	开始	结束	除数	面积
1		240.35	265.55	1.000	5.256
2					

图 2.27　积分区域的图像格式及色彩

33

在此，即可选择颜色和网格等格式。面积计算可反复进行，没有限制。如果计算面积的区域想删除，可在欲删除的区域中点击鼠标右键，从出现的菜单中选择删除。

此外，图 2.28 中面积计算到了基线，如果希望改变，从菜单上选择属性。

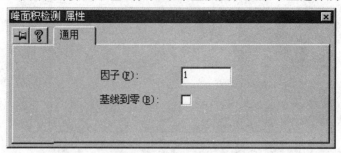

图 2.28　面积检测属性对话框

取消基线到零的选择框后，图像和数据处理面板上的结果都将改变。见图 2.29。

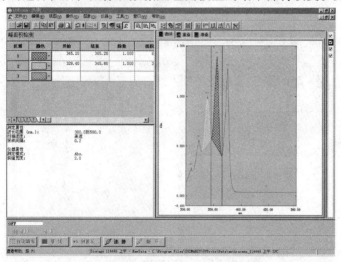

图 2.29　光谱面积计算结果画面(取消对话框中基线到零后的图像)

e. 数据处理。测定得到的光谱可进行各种计算。从主菜单上选择[数据处理——计算]即可，见图 2.30。

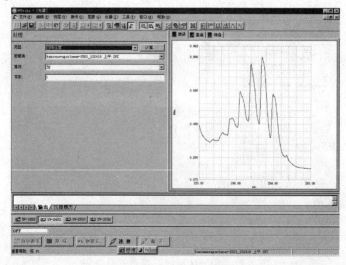

图 2.30　数据处理主菜单

如果图像上不止一条光谱，需先选择需要处理的数据集，然后选择运算的算符及常数，最后点击计算键，见图 2.31。

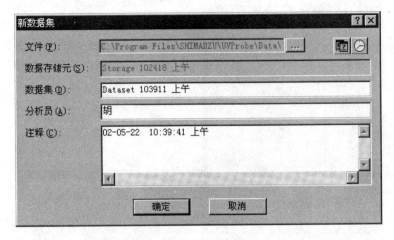

图 2.31　数据集

输入保存结果的文件名，点击确定键，经过计算得到的新光谱（数据集）将重叠显示在图像面板中。

f. 其他。

选点检测

选点检测可以从已经得到的光谱中选取任意多个点的数据，选择时只要拖动读数条或在图 2.32 的波长列中手动键入波长值即可。

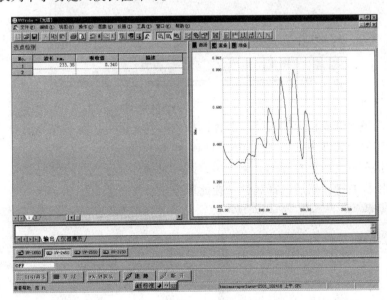

图 2.32　选点检测

数据打印

测定的光谱可使之数字化（表格化），见图 2.33。

表格的数据与实际采集的范围和间隔相同。如果想改变，点击鼠标右键调出属性菜单，然后可设置表格的范围以及显示的间隔，见图 2.34。

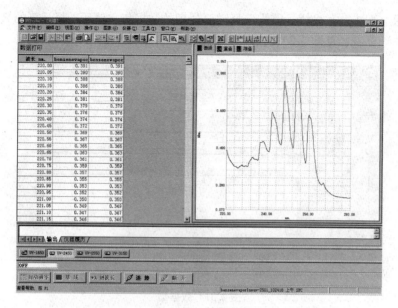

图 2.33　数据打印

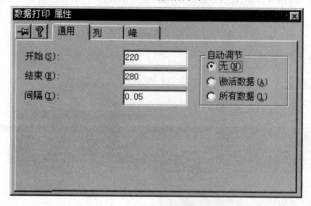

图 2.34　数据打印属性菜单

此外，无论是数据面板上的表格或图像面板内的光谱都可用复制粘贴的办法将数据或图像转移到其他市售的软件中去，例如 MS WORD 和 Excel 等。

数据打印状态下，如果打开的光谱较多，既可以全部显示也可以选择显示，选择时在数据面板上点击鼠标右键，然后选择属性，在此取舍显示与否。见图 2.35。

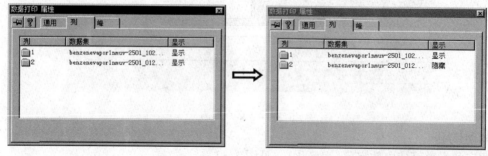

图 2.35　光谱选择

双击要处理的文件即可切换显示和隐藏状态。注意，此操作只从图像上消除了该数据集，实际上数据集仍然在计算机的内存中。

图像面板上图像的删除

欲删除图像面板中的图像，先在主菜单上选择［文件——属性］，得到图2.36，点击删除即可。

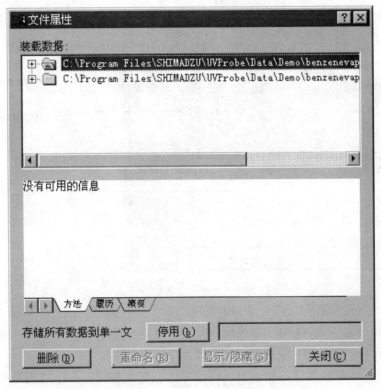

图2.36　图像面板上图像的删除

改变坐标轴的显示位数

选择［显示——设置］出现图2.37，可在图中的划圈部分改变位数。

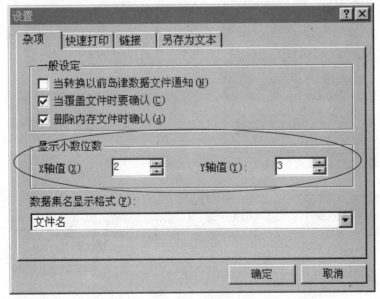

图2.37　坐标轴设置

（5）光度测定方式。

① 参数及显示的设置。

a. 参数的设置。点击菜单栏中的 Ｍ 键，出现图2.38。

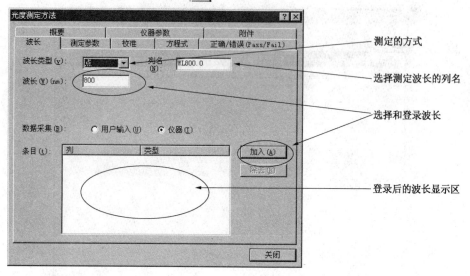

图2.38　光度测定参数的设置

此处显示的波长类型是"点"表示测定高度，如果选择的是范围，则需输入起始和结束波长，并可选择最大、最小、峰、谷或面积等作为定量的依据。

无论如何选择，波长都是必须的，并要加入以后才有效。

b. 显示设置。在菜单栏上如右 各键，点击以后分别出现标准表（最左）、样品表（左2）、工作曲线图（右2）和样品图（最右），见图2.39。

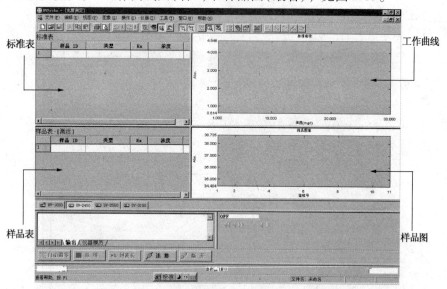

图2.39　显示设置

② 定量测定。

a. 光度测定。首先如前所述，选择了点及波长，然后在方法中选择校准，在此决定用工作曲线法定量，并选择多点、单点或 K 因子法等。关闭方法画面后出现如图2.40所示。

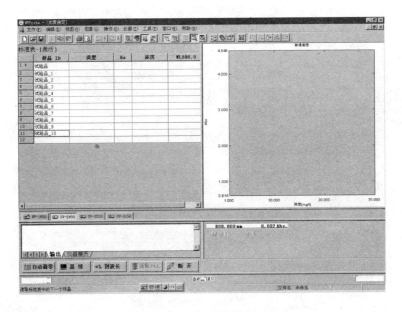

图 2.40　定量测定画面

进行定量测定也需要基线校正和自动调零，方法如前面所述。

此后，样品室内逐个放入标准样品，点击图 2.40 下方的读数键即可。注意，无论是测定标准样品还是未知样品，必须输入名称才有效。标准测定完毕，工作曲线自动显示。然后即可测定未知样品的浓度。有时不需要测定样品浓度，只测定某些波长下的吸光度值，则在校准方法中选择"原始数据"，在登录时选择若干需要的波长，即可测定各波长下的吸光度值。

在工作曲线图像上点击鼠标右键，选择属性，可从该图像上得到许多有用的信息，见图 2.41。

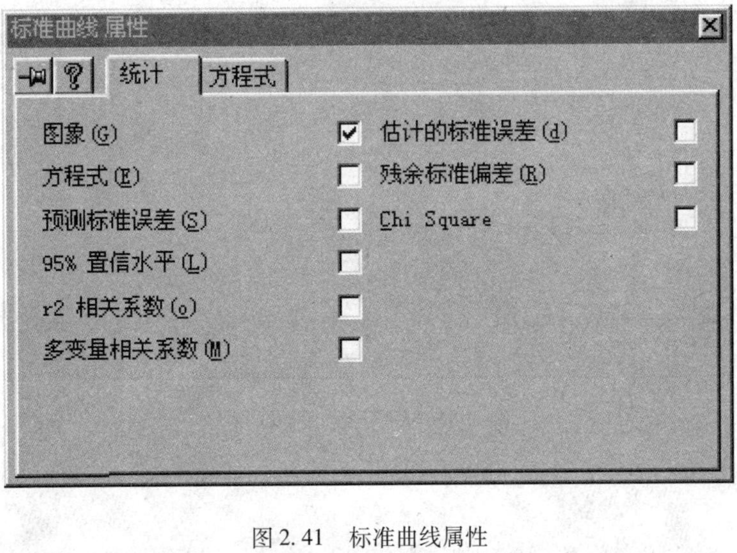

图 2.41　标准曲线属性

在需要显示的项目中作标记，相应的信息即出现在工作曲线图像的左下方。见图 2.42 的划圈部分。

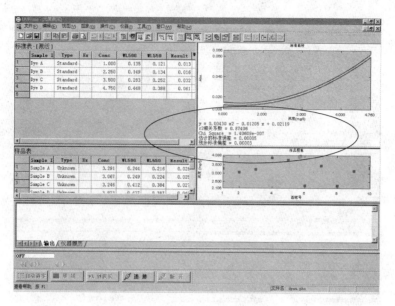

图 2.42　标准曲线显示画面

b. K 因子法。所谓 K 因子法实际上可称为已知工作曲线法（而且不局限于直线），即工作曲线回归方程的系数和次数已知，只要输入这些系数以及工作曲线的次数。这一方法对工作曲线较为稳定的日常分析非常有效。设置方法见图 2.43。

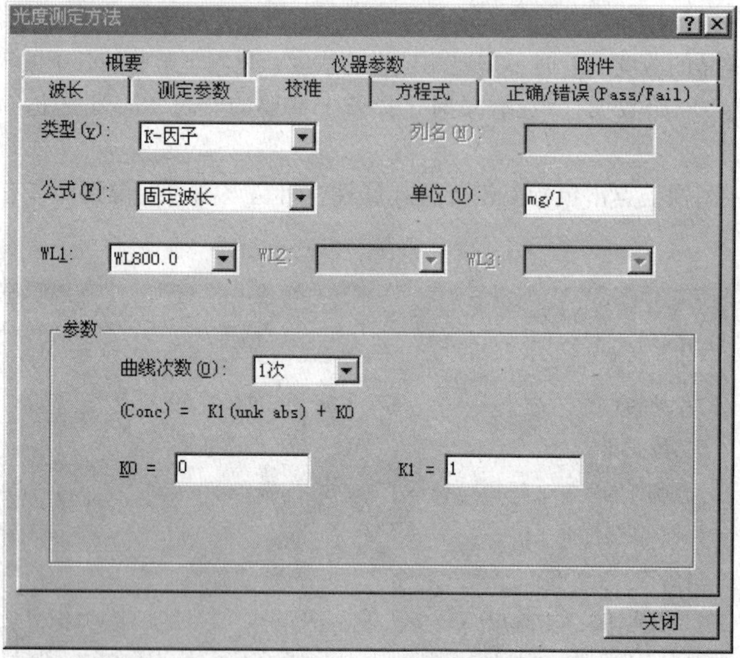

图 2.43　K 因子法设置画面

第3章 红外分光光度法

实验1 聚乙烯和聚苯乙烯的红外光吸收光谱的测绘——薄膜法制样

一、实验目的

1. 学习聚乙烯和聚苯乙烯薄膜的红外吸收光谱的测绘方法；
2. 学习对该图谱的解释，掌握红外吸收光谱分析的基本原理；
3. 掌握红外分光光度计的工作原理及其使用方法。

二、基本原理

在由乙烯聚合成聚乙烯的过程中，乙烯的双键被打开，聚合生成 $\text{+CH}_2\text{—CH}_2\text{+}_n$ 长链，因而聚乙烯分子中原子基团是饱和的亚甲基 $\text{+CH}_2\text{—CH}_2\text{+}$，其红外吸收光谱如图 3.1 所示。

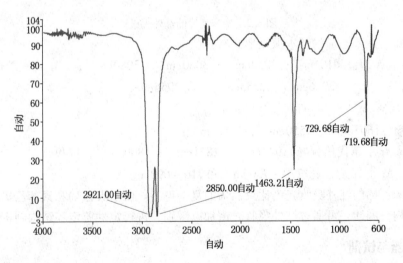

图 3.1 聚乙烯红外光谱

由图可知聚乙烯的基本振动形式有：

A. $v_{\text{C—H}}(\text{—CH}_2\text{—})2920\text{cm}^{-1}$，$2853\text{cm}^{-1}$；

B. $\delta_{\text{C—H}}(\text{—CH}_2\text{—})1468\text{cm}^{-1}$；

C. $\delta_{\text{C—H}}(\text{—CH}_2\text{—})n>4$ 时，720cm^{-1}。

由于 $\delta_{\text{C—H}}1306\text{cm}^{-1}$ 和 $\delta_{\text{C—H}}1250\text{cm}^{-1}$ 为弱吸收峰，在红外吸收光谱上未出现，因此只能观察到四个吸收峰。

在聚苯乙烯 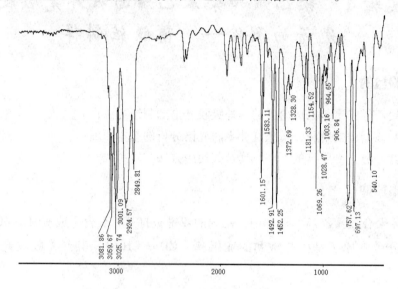 的结构中，除了亚甲基（—CH$_2$—）和次甲基

（ —CH— ）外，还有苯环上不饱和碳氢基团(═CH—)和碳碳骨架(—C═C—)，它们构成了聚苯乙烯分子中基团的基本振动形式。聚苯乙烯红外图谱见图3.2。

图 3.2　聚苯乙烯的红外光谱

由图可知，聚苯乙烯的基本振动形式有：

A. $\nu_{═CH—}$（Ar 上）3010cm^{-1}；3030cm^{-1}；3060cm^{-1}；3080cm^{-1}；（Ar 代表苯环）；

B. $\nu_{C—H}$（—CH$_2$—）2926cm^{-1}；2853cm^{-1}；和 2955cm^{-1}；

C. $\delta_{C—H}$1468cm^{-1}；1360cm^{-1}；1306cm^{-1}；

D. （Ar 上）1605cm^{-1}；1550cm^{-1}；1450cm^{-1}；

E. $\delta_{C—H}$（Ar 上单代倍频峰）1944cm^{-1}；1871cm^{-1}；1800cm^{-1}；1749cm^{-1}；

F. $\delta_{C—H}$（Ar 上邻接五氢)770 ~730cm^{-1}和 710 ~690cm^{-1}

可见聚苯乙烯的红外吸收光谱比聚乙烯的复杂得多。由于聚乙烯和聚苯乙烯是两种不同的有机化合物，因此，可通过红外吸收光谱加以区别，进行定性鉴定和结构剖析。

三、仪器与试剂

IRAffinity-1 红外分光光度计(或其他型号)。

试样卡片的制作：取厚度均为 5μm 的 30mm×50mm 的聚乙烯和聚苯乙烯薄膜各一张，另取 55mm×120mm 的硬纸板四张，将它们中间开成长 30mm、宽 15mm 的长方形口，然后把薄膜分别粘夹在两张硬纸板长方形口上，即制成试样卡片，实验开始前将其分别插在试样窗口前。

四、实验步骤

1. 将聚乙烯薄膜试样卡片置于试样窗口前。

2. 根据实验条件，将红外分光光度计按仪器操作步骤进行调节，然后测绘聚乙烯薄膜的红外吸收光谱。

3. 在同样条件下，测绘聚苯乙烯的红外吸收光谱。

五、数据处理

1. 记录实验条件。

2. 在获得的红外吸收光谱图上，从高波数到低波数，标出各特征吸收峰的频率，并指出各特征吸收峰属于何种基团的什么形式的振动。

六、思考题

1. 化合物的红外吸收光谱是怎么样产生的？
2. 化合物的红外吸收光谱能提供哪些信息？
3. 如何进行红外吸收光谱图的图谱解释？
4. 单靠红外吸收光谱，能否判断未知物是何种物质，为什么？

实验 2 苯甲酸红外吸收光谱的测绘——KBr晶体压片法制样

一、目的要求

1. 学习用红外吸收光谱进行化合物的定性分析；
2. 掌握用压片法制作固体试样晶片的方法；
3. 熟悉红外分光光度计的工作原理及其使用方法。

二、基本原理

在化合物分子中，具有相同化学键的原子基团，其基本振动频率吸收峰(简称基频峰)基本上出现在同一频率区域内，例如，$CH_3(CH_2)_5CH_3$，$CH_3(CH_2)_4C\equiv N$ 和 $CH_3(CH_2)_5CH\!=\!CH_2$ 等分子中都有—CH_3，—CH_2—基团，它们的伸缩振动基频峰与 $CH_3(CH_2)_6CH_3$ 分子的红外吸收光谱中—CH_3，—CH_2—基团的伸缩振动基频峰都出现在同一频率区域内，即在 $<3000cm^{-1}$ 波数附近，但又有所不同，这是因为同一类型原子基团，在不同化合物分子中所处的化学环境有所不同，使基频峰频率发生一定移动，例如 —$C\!=\!O$ 基团的伸缩振动基频率峰频率一般出现在 $1850\sim1650cm^{-1}$ 范围内，当它位于酸酐中时，为 $1820\sim1750cm^{-1}$；在酯类中时，为 $1750\sim1725cm^{-1}$；在醛中时，$v_{C=O}$ 为 $1740\sim1720cm^{-1}$；在酮类中时，$v_{C=O}$ 为 $1725\sim1710cm^{-1}$；在与苯环共轭时，如乙酰苯中 $v_{C=O}$ 为 $1695\sim1680cm^{-1}$；在酰胺中时，$v_{C=O}$ 为 $1650cm^{-1}$ 等。因此掌握各种原子基团基频峰的频率及其位移规律，就可应用红外吸收光谱来确定有机化合物分子中存在的原子基团及其在分子结构中的相对位置。

由苯甲酸分子结构可知，分子中各原子基团的基频峰的频率在 $4000\sim650cm^{-1}$ 范围内有：

原子基团的基本振动形式	基频峰的频率/cm^{-1}	原子基团的基本振动形式	基频峰的频率/cm^{-1}
$\nu_{=C-H}$（Ar 上）	3077，3012	δ_{O-H}	935
$\nu_{C=C}$（Ar 上）	1600，1582，1495，1450	ν_{C-O}	1400
δ_{C-H}（Ar 上邻接五氯）	715，690	δ_{C-O-H}（面内弯曲振动）	1250
ν_{C-H}（形成氢键二聚体）	3000～2500（多重峰）		

本实验用溴化钾晶体稀释苯甲酸标样和试样，研磨均匀后，分别压制成晶片，以纯溴化钾晶片作参比，在相同的实验条件下，本别测绘标样和试样的红外吸收光谱，然后从获得的两张图谱中，对照上述的各原子基团频率峰的频率及其吸收强度，若两张图谱一致，则可认为该试样是苯甲酸。

三、仪器与试剂

1. IRAffinity－1 红外分光光度计（或其他型号的红外分光光度计）。
2. 压片机、玛瑙研钵、红外干燥灯。
3. 苯甲酸、溴化钾（均优级纯），苯甲酸试样（经提纯）。
4. 压片压力 1.2×10^5 kPa（约 120kg/cm^2）。

四、实验步骤

1. 开启空调机，使室内的温度为 18～20℃，相对湿度≤65%。
2. 苯甲酸标样、试样和纯溴化钾晶片的制作 取预先在110℃下烘干48h以上，并保存在干燥器内的溴化钾150mg左右，置于洁净的玛瑙研钵中，研磨成均匀、细小的颗粒，然后转移到压片模具中（见图3.3），把压模置于图3.4中的7处，并旋转压力丝杆手轮1压紧压模，顺时针旋转放油阀4到底，然后一边放气，一边缓慢上下移动压把6，加压开始，注视压力表8，当压力加到(1～1.2)×10^{5}kPa（约100～120kg/cm^2）时，停止加压，维持3～5min，反时针旋转放油阀4，加压解除，压力表指针指"0"，旋松压力丝杆手轮1取出压模，即可得到直径为13mm，厚1～2mm透明的溴化钾晶片，小心从压模中取出晶片，并保存在干燥器内。

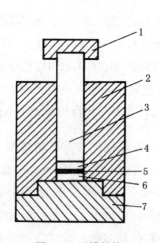

图 3.3 压模结构

1—压杆帽；2—压模体；3—压杆；4—顶模片；
5—试样；6—底模片；7—底座

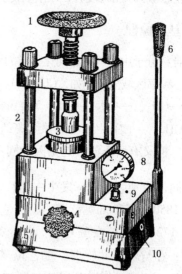

图 3.4 压片机

1—压力丝杆手轮；2—拉力螺柱；3—工作台垫板；
4—放油阀；5—基座；6—压把；7—压模；
8—压力表；9—注油口；10—油标及入油口

另取一份 150mg 左右溴化钾置于洁净的玛瑙研钵中，加入 2~3mg 优级纯苯甲酸，同上操作研磨均匀、压片并保存在干燥器中。

再取一份 150mg 左右溴化钾置于洁净的玛瑙研钵中，加入 2~3mg 苯甲酸试样，同上操作制成晶片，并保存在干燥器内。

注意事项：

1. 制得的晶片，必须无裂痕，局部无发白现象，如同玻璃般完全透明，否则应重新制作。表示压制的晶片薄厚不匀，晶片模糊，表示晶体吸潮，水在光谱图中 $3450cm^{-1}$ 和 $1640cm^{-1}$ 处出现吸收峰。

2. 将溴化钾参比晶片和苯甲酸标样晶片分别置于主机的参比窗口和试样窗口上。

3. 据实验条件，将红外分光光度计按仪器操作步骤进行调节，测绘红外吸收光谱。

4. 相同的实验条件下，测绘苯甲酸试样的红外吸收光谱。

五、数据及处理

1. 记录实验条件。

2. 在苯甲酸标样和试样红外吸收光谱图上，标出各特征吸收峰的波数，并确定其归属。

3. 将苯甲酸试样光谱图与其标样光谱图进行对比，如果两张图谱的各特征吸收峰及其吸收强度一致，则可认为该试样是苯甲酸。

六、思考题

1. 红外吸收光谱分析，对固体试样的制片有何要求？

2. 如何着手进行红外吸收光谱的定性分析？

3. 红外光谱实验室为什么对温度和相对湿度要维持一定的指标？

实验 3　间、对二甲苯的红外吸收光谱定量分析——液膜法制样

一、目的要求

1. 学习红外吸收光谱定量分析基本原理；

2. 掌握基线法定量测定方法；

3. 学习液膜法制样。

二、基本原理

红外吸收光谱定量分析与紫外-可见光分光光度定量分析的原理和方法，原则上是相同的，其定量基础仍然是朗伯-比耳定律。但在测量时，由于吸收池窗片对辐射的发射和吸收，试样对光的散射引起辐射损失，仪器的杂散辐射和试样的不均匀性等都将引起测定误差，因而给红外吸收光谱定量分析带来一些困难，需采取与紫外-可见光分光光度法所不同的实验技术。

由于红外吸收池的光程长度极短，很难做成两个厚度完全一致的吸收池，而且在实验过程中吸收池窗片易受到大气和溶剂中夹杂的水分侵蚀，而使其透明特性不断下降，所以在红

外测定中，透过试样的光束强度，通常只简单地以空气或只放一块盐片作为参比的参比光束进行比较。并采用基线法测量吸光度，基线法如图 3.5 所示。测量时，在所选择的被测物质的吸收带上，以该谱带两肩的公切线 AB 作为基线，在通过峰值波长处 t 的垂直线和基线相交于 r 点，分别测量入射光和透射光的强度 I_0 和 I，依照 $A = \lg(I_0/I)$，求得该波长处的吸光度。

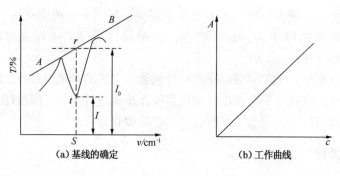

(a) 基线的确定   (b) 工作曲线

图 3.5　基线法

三、仪器与试剂

1. 双光束红外分光光度计；
2. 金相砂纸和 5 号铁砂纸、麂皮革、红外干燥灯、平板玻璃 20cm×25cm；
3. 无水酒精（分析纯），邻、间、对二甲苯　均为分析纯，氯化钠单晶体。

四、试验条件

测量波数范围　4000～650cm^{-1}、参比物　空气、扫描速度　4min（3 档）、室温　18～20℃、相对湿度≤65％。

五、实验步骤

1. 开启空调机，使室内的温度为 18～20℃，相对湿度≤65％。

2. 按以下方法处理氯化钠单晶块：从干燥器中取出氯化钠单晶块，在红外灯的辐射下，于垫有平板玻璃的 5 号铁砂纸上，轻轻擦去单晶块上下表层，继而在金相砂纸上轻擦之，然后再在麂皮革上摩擦，并不时滴入无水酒精，擦到单晶块上下两面完全透明，保存于干燥器内备用。

3. 配制间二甲苯和对二甲苯的混合标样：分别吸取 2.50mL，3.50mL，4.50mL 间二甲苯于三只 10mL 容量瓶中，依次加入 4.50mL，3.50mL，2.50mL 对二甲苯，然后分别用邻二甲苯稀释至刻度，摇匀，配制成 1#、2#、3# 混合标样。

4. 吸取不含邻二甲苯的试液 7.00mL 于 10mL 容量瓶中，用邻二甲苯稀释至刻度，摇匀，配制成 4# 混合试样。

5. 纯标样液膜的制作（包括邻、间、对三种二甲苯）：取两块已处理好的氯化钠单晶块，在其中一块的透明平面上放置间隔片 5，于间隔片的方孔内滴加一滴分析纯邻二甲苯溶液，将另一单晶块的透明平面对齐压上，然后将它固定在支架上，如图 3.6 所示。

这样两单晶块的液膜厚度约为 0.001～0.05mm，随后以同样方法制作间二甲苯和对二甲苯纯标样液膜，然后把带有标样液膜支架安置在主机的试样窗口上，以空气作参比物。

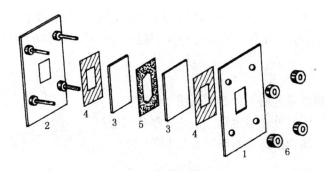

图 3.6 可拆式液体槽

1—前框；2—后框；3—红外透光窗盐片；4—垫圈(氯丁橡胶或四氯乙烯)；

5—间隔片(铅或铝)；6—螺帽

6. 据实验条件，将红外分光光度计按仪器的操作步骤进行调节，然后分别测绘以上制作的三种标样液膜的红外吸收光谱。

7. 同样方法制作 $1^{\#}$、$2^{\#}$、$3^{\#}$ 混合标样和 $4^{\#}$ 混合试样的液膜，并以相同的实验条件，分别测绘它们的红外吸收光谱。

六、数据及处理

1. 记录实验条件。

2. 在所测绘的三种纯标样红外吸收光谱图上，标出各基团基频峰的波数及其归属，并讨论这三种同分异构体在光谱上的异同点。

3. 测绘的混合标样和混合试样的红外吸收光谱图上，依照图 3.5(a) 基线法对邻二甲苯特征吸收峰 $743\mathrm{cm}^{-1}$，间二甲苯特征吸收峰 $692\mathrm{cm}^{-1}$ 和对二甲苯特征吸收峰 $792\mathrm{cm}^{-1}$ 做图，并标出各自 I_0 和 I 及测量其值，列入表 3.1 中，同时计算各 $\lg(I_0/I)_{\text{试样}}/\lg(I_0/I)_{\text{内标}}$（以邻二甲苯作内标）。

表 3.1　数据记录

		1	2	3	4
邻二甲苯($743\mathrm{cm}^{-1}$)	I_0				
	I				
间二甲苯($692\mathrm{cm}^{-1}$)	I_0				
	I				
对二甲苯($792\mathrm{cm}^{-1}$)	I_0				
	I				
$\dfrac{\lg\left(\dfrac{I_0}{I}\right)_{\text{试样}}}{\lg\left(\dfrac{I_0}{I}\right)_{\text{内标}}}$	间二甲苯				
	对二甲苯				

4. 分别做间二甲苯和对二甲苯的 $\lg(I_0/I)_{试样}/\lg(I_0/I)_{内标} \sim c/\%$ 标准曲线，并在标准曲线上查出试样中的间二甲苯和对二甲苯的 $c/\%$，进一步计算原试样中这两种成分的含量。

七、思考题

1. 红外吸收光谱定量分析为什么要采用基线法？
2. 采用液膜法进行红外光谱定量，应注意哪些问题？
3. 试举例说明基线作图，如何确定 I_0 与 I 值？

附录：红外分光光度计简介

1. 傅里叶变换红外分光光度计的工作原理及结构：
傅里叶变换红外分光光度计见图3.7、图3.8。

图3.7　IRAffinity－1　　　　　　　　　　图3.8　IRPrestige－21

（1）工作原理　傅里叶变换红外分光光度计通过对干涉图进行傅里叶变换测定红外光谱图。

一台傅里叶变换红外分光光度计会采用数种光学系统之一，其中最常用的光学系统为迈克尔逊干涉仪（图3.9）。

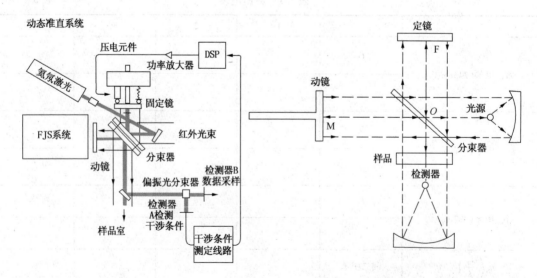

图3.9　迈克尔逊干涉仪结构示意图

迈克尔逊干涉仪主要由定镜 F、动镜 M、分束器和检测器组成。F 固定不动，M 则可沿镜轴方向前后移动，在 F 和 M 中间放置一个呈 45°角的分束器。从红外光源发出的红外光，经过凹面镜反射成为平行光照射到分束器上。分束器为一块半反射半透射的膜片，入射的光束一部分透过分束器垂直射向动镜 M，一部分被反射，射向定镜 F。射向定镜的这部分光由定镜反射射向分束器，一部分发生反射(成为无用光)，一部分透射进入后继光路，称第一束光；射向动镜的光束由动镜反射回来，射向分束器，一部分发生透射(成为无用部分)，一部分反射进入后继光路，称为第二束光。当两束光通过样品到达检测器时，由于存在光程差而发生干涉。干涉光的强度与两光束的光程差有关，当光程差为波长的半整数倍时，发生相消干涉，则干涉光最弱。对于单色光来说，在理想状态下，其干涉图是一条余弦曲线。不同波长的单色光，干涉图的周期和振幅有所不同，见图 3.10(a)；对于复色光来说，由于多种波长的单色光在零光程差处都发生相长干涉，光强最强，随着光程差的增大，各种波长的干涉光发生很大程度的相互抵消，强度降低，因此，复色光的干涉图为一条中心具有极大值，两侧迅速衰减的对称形干涉图，见图 3.10(b)。IRAffinity-1 采用 30° 入射的迈克尔逊干涉仪，可提高光的利用率。

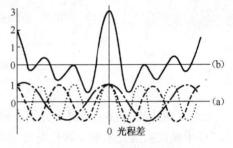

图 3.10　干涉图

在复色光的干涉图的每一点上，都包含有各种单色光的光谱信息，通过傅里叶变换(计算机处理)，可将干涉图变换成我们熟悉的光谱形式。

(2) 仪器结构　傅里叶变换红外分光光度计(FTIR)主要由光源、干涉仪、检测器、计算机和记录系统组成。分为三部分：光学系统、计算机、打印机。图 3.11 为傅里叶变换红外分光光度计工作原理示意图。

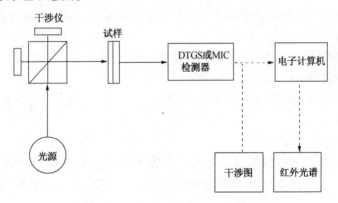

图 3.11　傅里叶变换红外分光光度计工作原理示意图

光学系统是红外分光光度计的主要部分，计算机和打印机是红外分光光度计的辅助设备。

光学系统和个人计算机之间使用 USB2.0 接口通讯。

在计算机上安装控制 FTIR 的软件，然后操作光学系统并执行数据处理。

计算机可以使用台式和笔记本两种类型。然而，使用需要处理图像数据的红外线显微镜时，可使用台式机，笔记本计算机不适用。设备布局图见图 3.12。

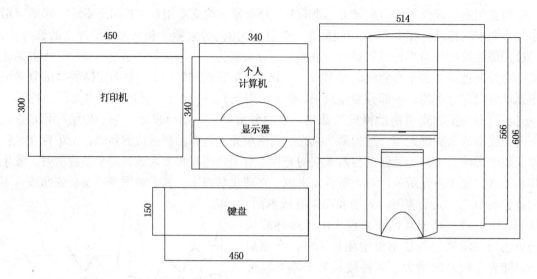

图 3.12 IRAffinity – 1 布局图

光学系统由干涉仪、光源、光阑、样品室、检测器、氦氖激光器、控制电路等组成。

① 干涉仪。迈克尔逊干涉仪是傅里叶变换红外分光光度计的核心组成部件，其最高分辨率和其他性能指标主要由干涉仪决定。目前，傅里叶变换红外分光光度计使用的干涉仪有多种，不管何种干涉仪其基本组成都包括动镜、定镜和分束器这三个部件。在红外数据的采集过程中，动镜必须保持直线进行往复运动，并在移动过程中同 FTIR 的干涉仪内部的光轴保持非常高的精度。

② 红外光源。光源是傅里叶变换红外分光光度计的关键部件之一，红外辐射能量的高低直接影响检测的灵敏度。理想的红外光源是能够测试整个红外波段，即能够测试远红外、中红外和远红外。但目前要测试整个红外波段至少需要更换三种光源，即中红外光源、远红外光源和近红外光源。红外光谱中用的最多的是中红外波段，目前中红外波段使用的光源基本能满足测试要求。

③ 检测器。检测器的作用是检测红外干涉光通过红外样品后的能量。一般对检测器的要求有三点：灵敏度高、响应速度快和测量范围宽。

目前，测定中红外光谱使用的检测器一般分为两类：一类是 DTGS 检测器，另一类是 MCT 检测器。

2. 红外光谱实验技术：

在红外光谱法中，试样的制备及处理占有重要地位。如果试样处理不当，那么即使仪器的性能很好，也不能得到满意的红外光谱图。一般说来，在制备试样时应注意下述各点。

① 试样的浓度和测试厚度应选择适当，以使光谱图中大多数吸收峰的透射比处于 15% ~70% 范围内。浓度太小，厚度太薄，会使一些弱的吸收峰和光谱的细微部分不能显示出来；浓度过大，过厚，又会使强的吸收峰超越标尺刻度而无法确定它的真实位置。有时为了得到完整的光谱图，需要用几种不同浓度或厚度的试样进行测绘。

② 试样中不应含有游离水。水分的存在不仅会侵蚀吸收池的盐窗，而且水分本身在红外区有吸收，将使测得的光谱图变形。

③ 试样应该是单一组分的纯物质。多组分试样在测定前应尽量预先进行组分分离（如柱分

50

离、蒸馏、重结晶、萃取等），否则各组分光谱相互重叠，以致对谱图无法进行正确的解释。

试样的制备，根据其聚集状态选择适当的制样方法。

（1）固体样品制备：

① 溴化钾压片。粉末样品常采用压片法，一般取试样 2～3mg 样品与 200～300mg 干燥的 KBr 粉末在玛瑙研钵中混匀，充分研细至颗粒直径小于 2μm，用不锈钢铲取 70～90mg 放入压片模具内，在压片机上用 $(5～10)×10^7$Pa 压力压成透明薄片，即可用于测定。图 3.13 为压片模具实物图。

高级可抽真空压片模具

可抽真空压片模具

微量压片模具

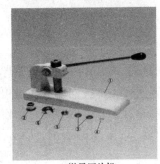
微量压片机

图 3.13　通用的压片模具实物图

② 糊装法。将干燥处理后的试样研细，与液体石蜡或全氟代烃混合，调成糊状，加在两 KBr 盐片中间进行测定。液体石蜡自身的吸收带简单，但此法不能用来研究饱和烷烃的吸收情况。

③ 溶液法。对于不宜研成细末的固体样品，如果能溶于溶剂，可制成溶液，按照液体样品测试的方法进行测试。

④ 薄膜法。一些高聚物样品，一般难于研成细末，可制成薄膜直接进行红外光谱测定。薄膜的制备方法有两种，一种是直接加热熔融样品然后涂制或压制成膜，另一种是先把样品溶解在低沸点的易挥发溶剂中，涂在盐片上，待溶剂挥发后成膜来测定。

薄膜制样热压模具示意图，见图 3.14。

用于将高分子材料压成薄膜，处理温度最高可达 300℃，根据样品性质调整温度。膜的厚度可调节。可选择的厚度为 15μm，25μm，50μm，100μm 和 500μm

（2）液体样品制备：

① 液体池法。沸点较低、挥发性较大的试样，可注入封闭液体池中。液层厚度一般为 0.01～1mm。图 3.15 为密闭液体池。

图 3.16 为可拆式液体池。

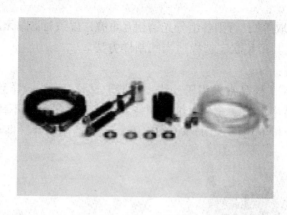

图 3.14　热压成型套件

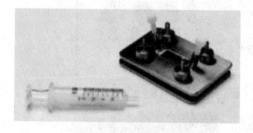

图 3.15　密闭液体池

图 3.16　可拆式液体池

　　对于一些吸收很强的液体，当用调整厚度的方法仍然得不到满意的图谱时，可用适当的溶剂配成稀溶液来测定。一些固体样品也可以溶液的形式来进行测定。常用的红外光谱溶剂应在所测光谱区内本身没有强烈吸收，不侵蚀盐窗，对试样没有强烈的溶剂化效应等。例如 CS_2 是 $1350 \sim 600 cm^{-1}$ 区常用的溶剂，CCl_4 用于 $4000 \sim 1350 cm^{-1}$ 区。图 3.17 为可变厚度液体池。

图 3.17　可变厚度液体池

　　图 3.18、图 3.19 为可拆式高温加热池（原为反应池），用于高温条件下的光谱测定，须另配温控器。最高温度可达 400℃，对研究不同温度下的化学反应过程非常有用。

　　② 液膜法。沸点较高的试样，直接滴在两块盐片之间，形成液膜。

　　（3）气态试样制备　气态试样可在气体吸收池内进行测定，它的两端粘有红外透光的 NaCl 或 KBr 窗片。先将气体池抽真空，再将试样注入。图 3.20 为气体池实物图。

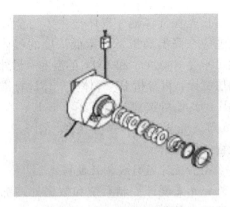

图 3.18　可拆式高温加热池

图 3.19　可拆式高温加热池外观

图 3.20　5cm、10cm 气体池

　　当样品量特别少或样品面积特别小时，必须采用光束聚焦器，并配有微量液体池、微量固体池和微量气体池，采用全反射系统或用带有卤化碱透镜的反射系统进行测量。

　　长光程气体池通常适用于低浓度气体样品测定，可根据所测样品的浓度，选择适当光学长度的气体池。光程 10m 和 22m 的气体池安装在光谱仪主机外部，光程 3m 和 10m 的气体池安装在主机样品室，图 3.21 为长光程气体池光系统。

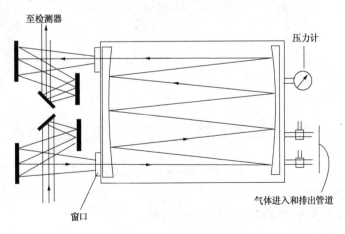

图 3.21　长光程气体池光系统

图 3.22　金属长光程气体池

金属长光程气体池，气体池主体为金属铝结构，以适应在高温高压下测定低浓度的气体。此气体池可承受 $10kg/cm^2$ 和 200℃ 的温度。另外，气体池内层镀镍，可分析 HF 气体。气体池标准配备 KBr 窗片，其他可选窗片有 CaF_2，BaF_2，ZnSe 和 KRS-5 等，光程长度有多种选择，图 3.22 为金属长光程气体池。

3. 红外分光光度计控制及数据处理

红外分光光度计控制系统和数据处理都是由微处理器或计算机完成，一台红外分光光度计各部分能很好的协同工作主要依赖于控制系统。控制系统是控制仪器各个部分的工作状态，如控制光源系统的发光状态、调制或补偿，控制分光系统的扫描波长、扫描速度，控制检测器的数据采集、A/D 转换等，这些都由微处理器或计算机配以相应的软件和硬件完成。测试所得的红外光谱通常都需要进行数据处理，在对光谱数据处理之前，应将测得的光谱保存在计算机的硬盘中，因为这是光谱的原始数据。对光谱进行数据处理得到的光谱，应重新命名保存。如果数据处理有问题，可以将原始数据调出重新处理，也可采用不同的数据处理技术对原始数据进行处理。因此，保存光谱原始数据是一件很重要的事情。

基本的光谱数据处理软件应包含在红外软件包中，各公司编写的红外光谱数据处理软件使用方法不同，但基本原理是相同的。图 3.23 是岛津公司 IRsolution 界面图。

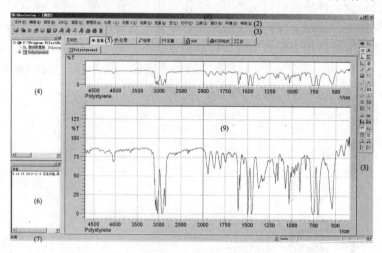

图 3.23　IRsolution 界面图

界面包括下列几项内容：

① 标题栏：显示软件标题和选择的功能栏的名字。

② 菜单栏：显示菜单。

③ 工具栏：显示所用的命令，点击就可以执行一个命令。[环境]–[自定义]命令详细说明了工具栏的内容。

④ 树图窗口：树图窗口显示数据和参数，吸收峰表格，属性等。点击[＋]标记，就可显示文件结构中下级数据。点击[－]标记，下级数据消失。[窗口]–[显示树状视图]命令可以控制显示或者隐藏这个窗口。

⑤ 功能栏：改变操作模式。

⑥ 操作日志窗口：显示用户名和操作历史。[窗口]–[显示日志文件]命令可以控制显示或者隐藏这个窗口。

状态窗口：显示干涉仪的条件和[测定]栏中的设置。

⑦ 状态栏：显示操作或者用户名。

⑧ 谱图工具栏：显示[视图]栏中操作快捷方式。[环境]–[自定义]命令详细说明了工具栏的内容。

⑨ 工作区：显示光谱或者/和各种数据。

（1）基线校正　不管是透射法测得的光谱，还是用红外附件测得的光谱，其吸光度光谱曲线的基线不可能呈直线，采用卤化物压片法测得的光谱，由于颗粒研磨的不够细，锭片不够透明，而出现红外光散射现象，使光谱曲线出现倾斜。采用糊状法或液膜法测定透射光谱时在采集背景光谱的光路中如果没有放置相同厚度的晶片，测得的光谱基线会向上漂移。对出现基线倾斜、基线漂移和干涉条纹的光谱，需要进行基线校正（baseline correct）。

所谓基线校正，就是将吸光度光谱的基线人为地拉回到接近零的基线上，见图3.24。在进行基线校正之前，通常都将光谱转换成吸光度光谱。当然也可以对透射率光谱进行基线校正。

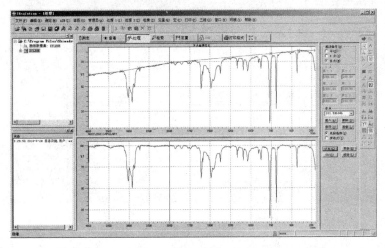

图3.24　基线校正

从红外数据处理菜单中选择基线校正命令，就能对光谱进行基线校正。基线校正有两种方法：一种是自动基线校正；另一种是人为校正，即逐点地对光谱进行校正。对于倾斜的基线和漂移的基线可以选择自动基线校正方法，对于干涉条纹的基线不能选择自动校正方法，只能选择手动逐点地对基线进行校正。

IRSolution 软件基线校正分为"零"（平移光谱以便最小的吸光度值为 0 即 ABS = 0），"3点"（在光谱中确定 3 个点的强度进行基线校正），"多点"（更准确的基线校正，把起伏的基线校正成直线）三种方式。

以下为最常用的"多点"方式基线校正操作步骤：

① 选择"处理 1"中的"基线校正"中"多点"命令；

② 从树图窗口选择需要进行基线校正的谱图，选择后的谱图显示在上方窗口中；

③ 点击"插入"按钮，在上方的窗口中点击鼠标左键插入点；

④ 点击"计算"，结果显示在下方窗口，点击"确定"，保存结果。

基线校正前后的光谱相比，吸收峰的峰位和面积是否发生了变化，这是人们关心的问题。基线校正前后，光谱吸收峰的峰位不会发生变化。但是，基线校正前后，光谱吸收峰的峰面积会有些变化。基线越倾斜，这种变化越明显。

利用红外光谱法进行定量分析时，需要计算峰面积，最好将吸光度光谱进行校正。

（2）光谱差减　常用的"差谱"方式操作步骤：

① 选择"处理 2"中的"数据集运算"命令；

② 在"算法"中选择"2 数据集相减"；

③ 从树图窗口分别选择作为原始光谱和参考光谱的谱图，选择后的谱图显示在上方窗口中；

④ 点击"计算"，结果显示在下方窗口中，通过拖动滚动条调节因子大小，结果会同步变化；

⑤ 调整合适的因子值，点击"确定"，保存结果，见图 3.25。

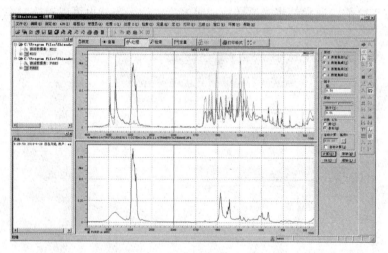

图 3.25　差减光谱

（3）光谱归一化　光谱归一化（normalize scale）是将光谱的纵坐标进行归一化。

对于透射率光谱，光谱归一化是将测试所得到的光谱或经过其他数据处理后光谱中的最大吸收峰的透射率变成 10%，将基线变为 100%。

对于吸光度光谱，光谱归一化是将光谱中最大吸收峰的吸光度归一化为 1，将光谱的基线归一化为 0。图 3.26（上图）是实际测得的吸光度图谱，图 3.26（下图）是归一化后的吸光度图谱。

以下为将光谱最大强度的峰值归一化至吸光度为1的操作步骤：

① 选择"处理1"中的"归一化"命令；

② 从树图窗口选择需要进行归一化的谱图，选择后的谱图显示在上方窗口中；

③ 在动作中选择"归一化"；

④ 点击"计算"，结果显示在下方窗口，点击"确定"，保存结果，见图3.26。

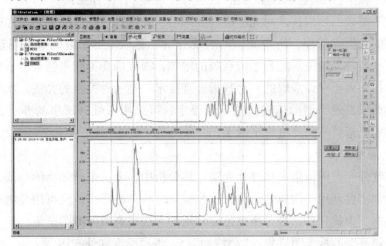

图3.26　光谱归一化

将经过归一化处理的吸光度光谱转化成透射率光谱后，光谱中的所有吸收峰的透射率全部落在10%～100%之间。同样地，将经过归一化处理的透射率光谱转换成吸光度光谱后，光谱中所有吸收峰的吸光度都落在0～1之间。

归一化的光谱是标准光谱，商业红外光谱谱库中的光谱基本上都是归一化的光谱。

（4）光谱平滑　利用光谱平滑（smooth）数据处理技术可以降低光谱噪声，达到改善光谱形状的目的。通过平滑可以看清楚被噪声掩盖的真正的谱峰。光谱平滑技术是对光谱中数据点Y值进行数学平均计算，通常采用Savitsky – Golay算法。

红外软件中通常提供两种光谱平滑方法：手动平滑和自动平滑。IRsolution平滑采用Savitzky – Golay运算方法进行平滑，减小了光谱噪声，见图3.27。

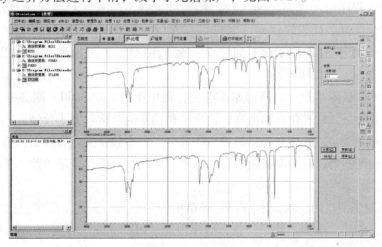

图3.27　光谱平滑

以下为将光谱进行平滑处理的操作步骤：

① 选择"处理 1"中的"平滑"命令；

② 从树图窗口选择需要平滑的谱图，选择后的谱图显示在上方窗口中；

③ 在"参数"中设置合适的平滑点数；

④ 点击"计算"，结果显示在下方窗口，点击"确定"，保存结果。

采用光谱平滑数据处理技术对光谱进行处理后，光谱噪声降低的同时，光谱的分辨率也降低了。平滑的数据点越多，所得光谱的表观分辨率越低。当平滑的数据点达到一定程度时，光谱的有些肩峰会消失。随着平滑点数的增加，吸收峰变得越来越宽。平滑是对已采集的光谱信噪比达不到要求而采取的一种数据处理技术，是一种补救的办法。实际上，在采集光谱数据时，如果发现光谱的信噪比达不到要求，可采用降低分辨率的办法，以提高信噪比。这样得到的光谱就不需要进行平滑了。

4. 红外光谱图谱检索：

（1）标准红外光谱图谱集　在红外光谱定性分析中，无论是已知物的验证，还是未知物的检定，最后都需要利用纯物质的谱图来作校验。这些标准图谱，除可用纯物质自己测得或从有关杂志或书刊中找到外，最方便也是最常用的方法是查阅标准图谱集。

最常用、最齐全的标准图谱集为"萨特勒"（Sadtler）标准红外光谱。

（2）红外光谱图谱检索　由于计算机的发展，红外光谱的解析可采用计算机进行图谱检索。图谱检索需要一个检索程序和一个谱库，被检图谱信号输入计算机，启动检索程序即可快速检出所需图谱。检出结果的准确度，取决于检索程序的合理性，输入的被检图谱的质量以及谱库的齐全程度。

目前商品谱库以萨特勒图谱最为强大，它的谱库有 10 万张红外谱图，其中包括 9200 张气相光谱图，57000 张凝聚相标准红外光谱图和 37000 张商品图谱（分成 30 门类）。美国 Nicolet 公司可提供包括美国 Aldrich 和 Sigma 公司化学产品在内的共约 5 万张红外谱图的谱库。有些谱库为了多存谱图采用的不是全谱库储存的写入法，这种谱库在检索后不能显示库中对照谱图的全谱，只能给出模拟谱或提供谱号。各种不同的检索程序各有差异，合理的检索程序命中率高、速度快。检索结果输出时通常提供多个图谱或谱号，并以匹配程度排列。某些检索软件还可以提供存在的官能团和可能的结构式，以及有关的理化常数，这样即使在库中检索不到完全一致的图谱，也可给实验者提供某些有用的启示。

在谱图检索中最困难的：一是谱库不够大，命中率低。除 Sadtler 图谱外，其他的商品图谱一般只有几千张，常见化合物通常能检出，稍偏异的结构就无法检到。二是混合物的检索。在日常样品测试中，纯化合物只是很少一部分，大多数是混合物样品，谱库中存储的都是纯化合物的标准图谱，这给准确检索带来困难。因此被检样品应尽量除去杂质，以期得到可靠的信息。

IRsolution 对于图谱的检索，由［检索］菜单中的命令执行。这个菜单提供各种检索功能以及谱库添加，创建，维护，谱库信息，谱库内容。IRsolution 检索原始的用户谱库和商业谱库。商业谱库须单独购买。

IRsolution 软件中含有 IRs Agrichemicals、IRs ATR Reagent、IRs Pharmaceuticals、IRs Polymer 和 IRs Reagent 五个谱库，共 839 多张谱图，以供检索。检索方法如下：

a. 激活未知谱图。

b. 点击功能条中 Search 键。Libraries 页中见图 3.28 定义使用的谱库；Parameters 页中输入有关检索参数，Maximumhits 中输入显示最大命中谱图数量，Minimum quality 中输入最小匹配度（HQI 分值 0～1000）；Algorithm（运算法则）中选择 Pearson（皮尔森）或 Euclidean（欧几里德）；Skip points（跳读点）中选择 4。

c. 点击 Search 键，显示检索结果（见图 3.29）。上半部分是未知谱图，中间是与之相匹配的谱图，下半部分是检索报告。

图 3.28　Libraries

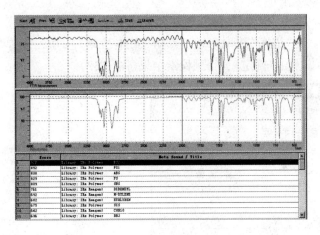

图 3.29　检索结果显示

IRsolution 包括下列谱库检索模式：

类比法在谱库中检索光谱。

通过吸收峰位置/数目在谱库中检索光谱。

通过关键词在谱库中进行文本检索。

联合关键词和光谱进行联合检索。

① 光谱检索方式的操作步骤：

a. 从树图窗口中选择要检索的谱图，点击"检索"功能按钮，进入检索功能；

b. 在"参数"选项卡中，"光谱检索"部分选择合适的算法以及跳跃点，点击"检索"按钮，得到检索结果。

以下为峰检索方式的操作步骤：

a. 从树图窗口中选择要检索的谱图，点击"检索"功能按钮，进入检索功能；

b. 在"参数"选项卡中，"峰检索"部分选择合适的算法以及检测窗口，点击"检索"按钮，得到检索结果。见图3.30。

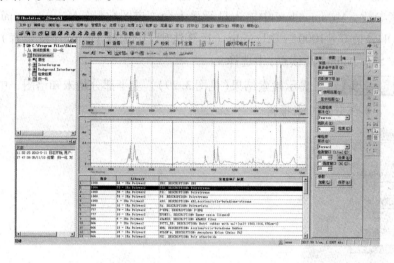

图 3.30　光谱检索方式检索结果

② 文本检索方式的操作步骤：

a. 点击"检索"功能按钮，进入检索功能；

b. 在"谱库"选项卡中，点击"文本检索"按钮，在弹出的对话框中输入检索文本（图3.31），点击"确定"，得到检索结果（图3.32）。

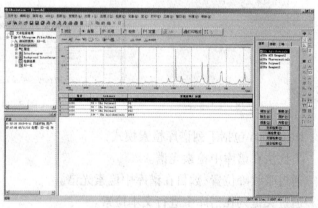

图 3.31　文本检索对话框　　　　　　　图 3.32　文本检索方式检索结果

③ 组合检索方式的操作步骤：

a. 从树图窗口中选择要检索的谱图，点击"检索"功能按钮，进入检索功能；

b. 在"参数"选项卡中，"光谱检索"部分选择合适的算法以及跳跃点；

c. 在"谱库"选项卡中，点击"组合检索"按钮，在弹出的对话框（图3.33）中根据逻辑关系输入检索文本，点击"确定"，得到检索结果（图3.34）。

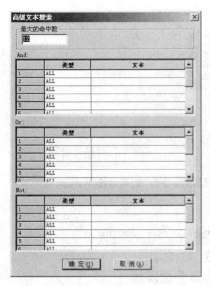

图 3.33 组合检索对话框

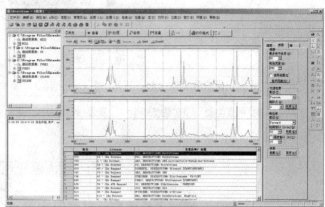

图 3.34 组合检索方式检索结果

（3）在线光谱谱图检索：

① Spectral Database for Organic Compounds（SDBS）。SDBS 由日本 National Institute of Materials and Chemical Research（NIMC）制作，是一个有机化合物综合数据库，免费提供包括质谱、核磁（C、H）、红外光谱、拉曼光谱等数据查询。其中以商业化学试剂为主，约 2/3 是 6 碳至 16 碳的化合物。数据大部分是其自行测定的，并不断添加，目前最新更新日期为 2010.03.31。可以通过化合物、分子式、分子量、CAS/SDBS 注册号、元素组成、光谱峰值位置/强度方式搜索。

检索网址：http://riodb01. ibase. aist. go. jp/sdbs/cgi – bin/cre_index. cgi？lang = eng

② NIST Chemistry WebBook。是美国国家标准与技术研究院（the National Institute of Standards and Technology，NIST）的基于 Web 的物性数据库，可通过分子式检索、化学名检索、CAS 登录号检索、离子能检索、电子亲和力检索、质子亲和力检索、酸度检索、表面活化能检索、振动能检索、电子能级别检索、结构检索、分子量检索和作者检索等方法，得到气相热化学数据、浓缩相热化学数据、相变数据、反应热化学数据、气相离子能数据、离子聚合数据、气相 IR 色谱、质谱、UV/Vis 色谱、振动及电子色谱等。

检索网址：http：//webbook. nist. gov/chemistry/

③ 上海有机化学所：化学数据库。

检索网址：http：//202. 127. 145. 134/scdb/

检索关键词 化合物英文名称 ∨ 检索式

◉精确检索 ○模糊检索（检索词中可包含'%'，匹配任意字符）

提交检索

④ 360 仪器网：

检索网址：http：//www. 360yiqi. com/putu/sousuo. aspx

名 称　化学式

| 在此输入化合物名称（如：石墨 或 Graphite ） | 开始检索 |

⊙所有类型　○矿物(835张)　○药品(3918张)　○化学试剂(10242张)　○聚合物(262张)

快速检索：矿物红外谱图库 药品红外谱图库 试剂红外谱图库
药品红外谱图库(日本药典) 碳水化合物拉曼图库
➡ **上传谱图--共建国内第一个免费谱图库**

检索谱图之前首先要确定待检索物质的基本信息，如化学名称(英文)、分子式、分子量、CAS 登记号或 SDBS 登记号，这些信息可以在网上搜索得到。

如通过 SDBS 登记号检索，首先进入 SDBS 数据库。

SDBS 初始界面，见图 3.35。

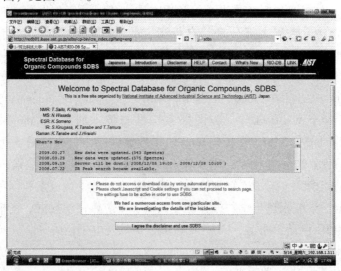

图 3.35　SDBS 初始界面

点击"同意"进入检索页面(见图 3.36)，在红色虚线框内输入检索内容(化学名称、分子式、分子量、CAS 登记号或 SDBS 登记号)，这些内容不必全部输入，选填一项即可，为避免筛选可以填写物质唯一性的标识，如 CAS 登记号。同样可以选填线框右侧的检索附加信息。

以硝基苯为例说明检索过程。

a. 先从百度网上搜索硝基苯基本信息，见图 3.37。

b. 在 SDBS 数据检索界面输入检索信息(见图 3.38)。

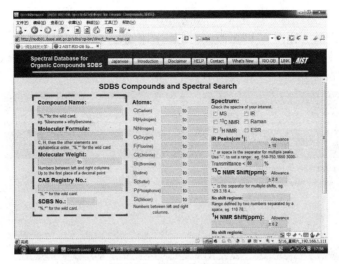

图 3.36　SDBS 检索界面

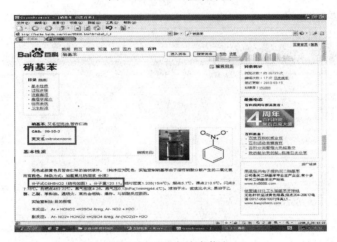

图 3.37　基本检索信息

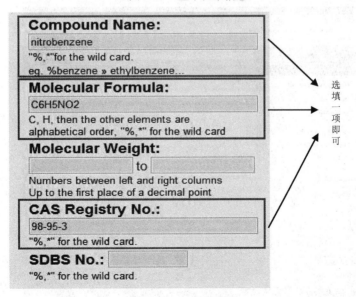

图 3.38　检索信息

c. 检索结果：检索结果（见图 3.39）显示 SDBS 数据库中硝基苯信息，界面中"Y"表明数据库中有相应谱图，点击"Y"即可看到对应谱图信息。在图中可以看到数据库中录入了硝基苯两种形式的红外图谱，硝基苯液膜谱图（见图 3.40）和以 CCl₄ 为溶剂的硝基苯谱图（见图 3.41）。点击可以互相切换，在谱图上右击另存可以保存谱图。

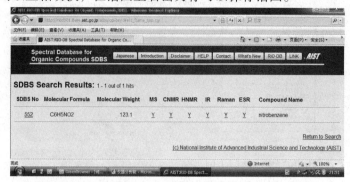

图 3.39 检索结果

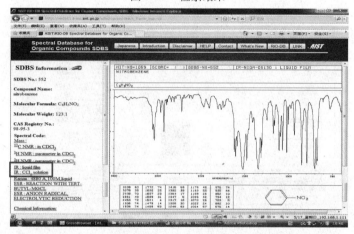

图 3.40 硝基苯液膜

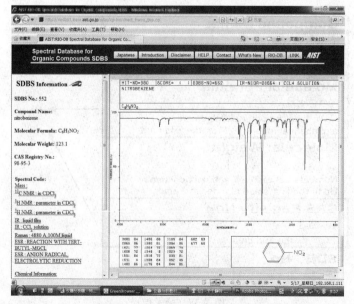

图 3.41 硝基苯的四氯化碳溶液

若谱图中没有该物质对应信息则显示"N"，见图3.42。

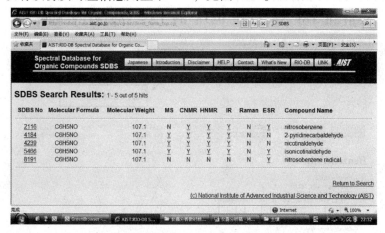

图3.42　检索结果

如果利用NIST数据库检索，可进入NIST数据库。NIST初始界面见图3.43。

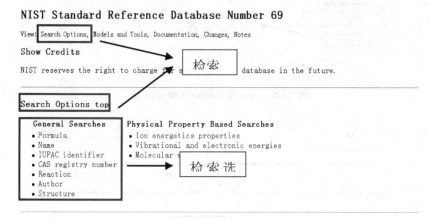

图3.43　NIST初始界面

在检索选项(分子量、化学名称、CAS或分子式等)中任选一项作为检索条件，为避免筛选可以填写物质唯一性的标识，如CAS登记号(图3.44)。

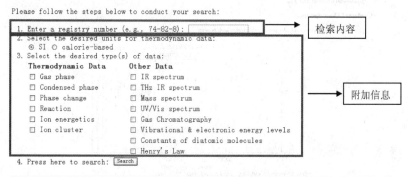

图3.44　由CAS号检索

以硝基苯为例说明检索过程。见图 3.45 ~ 图 3.47。

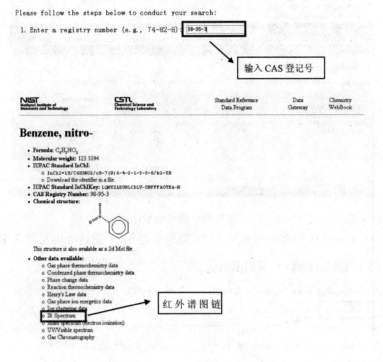

图 3.45　硝基苯为例阐述检索过程

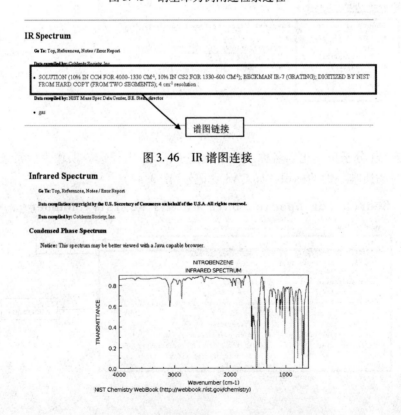

图 3.46　IR 谱图连接

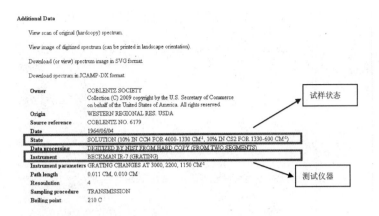

图 3.47　检索结果（硝基苯红外光谱）

5. 红外光谱定量分析（IRsolution 定量分析软件）操作步骤：

［定量］菜单提供定量分析的命令。可用的方法有以朗伯－比耳定律为基础的多点校正曲线法，多重线性回归定量分析法及偏最小二乘法。

① 多点校正曲线法的操作步骤：

a. 点击"检索"功能按钮，进入检索功能；

b. 点击"多点"选项卡，从树图窗口选择定量用谱图，加入到标准表中，并标注对应浓度和单位；

c. 在"多点"选项卡中，"评估"部分中选择定量方式，"参数"中设定曲线次数和原点处理方式，点击"校准"按钮，见图 3.48。

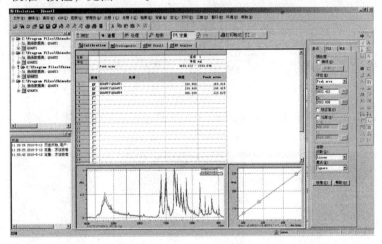

图 3.48　多点校正曲线法

d. 在"MPAnalyze"选项卡中，从树图窗口选择要定量的谱图，添加至样品表中，即可看到定量结果，见图 3.49。

② 多重线性回归法的操作步骤：

a. 点击"检索"功能按钮，进入检索功能；

b. 点击"MLR"选项卡，从树图窗口选择定量用谱图，加入到标准表中，选择组成数，并标注对应浓度和单位；

c. 点击"校准"按钮，见图 3.50；

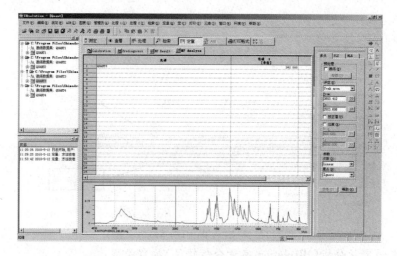

图 3.49　多点校正曲线法定量结果

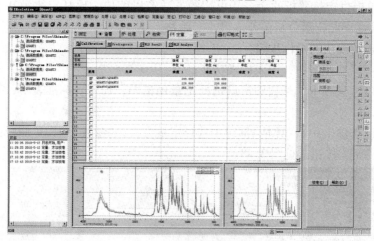

图 3.50　多重线性回归法

　　d. 在"MPAnalyze"选项卡中,从树图窗口选择要定量的谱图,添加至样品表中,即可看到定量结果,见图 3.51。

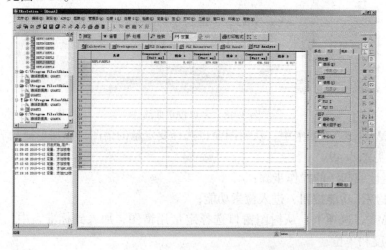

图 3.51　多重线性回归法定量结果

③ 偏最小二乘法的操作步骤：

a. 点击"检索"功能按钮，进入检索功能；

b. 点击"PLS"选项卡，从树图窗口选择定量用谱图，加入到标准表中，选择组成数，并标注对应浓度和单位；

c. 选择算法和因子；

d. 点击"校准"按钮，见图3.52；

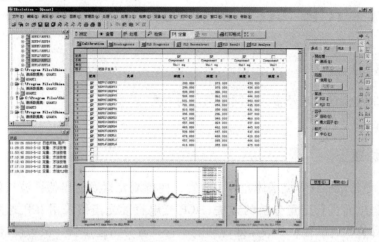

图 3.52　偏最小二乘法

e. 在"PLSAnalyze"选项卡中，从树图窗口选择要定量的谱图，添加至样品表中，即可看到定量结果，见图3.53。

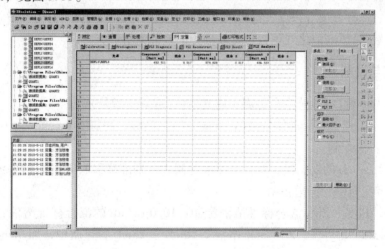

图 3.53　偏最小二乘法定量结果

第4章 原子发射光谱法

实验1 ICP－AES测定人发中微量铜、铅、锌

一、实验目的

1. 熟悉 ICP 光源的原理及多元素同时测定的方法。
2. 了解样品的处理方法。

二、实验原理

ICP－AES 是将试样在等离子体光源中激发，使待测元素发射出特征波长的辐射，经过分光，测量其强度而进行定量分析的方法。ICP 光电直读光谱仪采用 ICP 光源和光电检测器，同时具有计算机自动控制和数据处理功能。它具有分析速度快，灵敏度高，稳定性好，线性范围宽，基体干扰小，可多元素同时分析等优点。

微量元素与人体健康有密切的关系，体内微量元素的含量不仅能够反映人体的健康状况，而且可以衡量不同环境对机体的污染及危害程度。用头发作样品测定人体微量元素的含量有取样容易、保存方便等特点。实验用 ICP 光电直读光谱仪测定人发中微量元素，先将头发样品用浓硝酸/高氯酸消化处理，再将处理好的样品上机测试。

三、仪器与试剂

1. ICPE－9000 高频电感耦合等离子体光谱仪(或其他型号)。
2. 氩气、铜、铅、锌标准储备液(1.0mg/mL)，硝酸、高氯酸、盐酸(均为优级纯)。
3. 标准储备液配制。

(1) 100.0μg/mL 的铜、铅、锌标准溶液配制：分别准确移取 1.0mL 储备液用去离子水定容于 10mL 容量瓶中，摇匀备用。

(2) Cu^{2+}、Pb^{2+}、Zn^{2+} 混合标准溶液配制：10.0μg/mL 的混合标准溶液：分别准确移取 100.0μg/mLCu^{2+}、Pb^{2+}、Zn^{2+} 标准溶液 2.50mL 于 25mL 容量瓶中，加 6mol/LHNO$_3$ 溶液 3mL，用去离子水稀释至刻度，摇匀。

1.0μg/mL 的混合标准溶液：分别准确移取 Cu^{2+}、Pb^{2+}、Zn^{2+} 混合标准溶液 2.50mL 于 25mL 容量瓶中，加 6mol/LHNO$_3$ 溶液 3mL，用去离子水稀释至刻度，摇匀备用，用前现配。

四、实验内容与步骤

1. 试样溶液的制备：

用不锈钢剪刀从后颈部剪去头发试样约 1g，将其剪成长约 1cm 发段，用洗发水洗涤，

再用自来水清洗多次，将其移入布氏漏斗中，用 1L 去离子水淋洗，于 110℃ 下烘干。称取试样 0.3g 左右(精确至 0.0001g)，置于 100mL 烧杯内，加硝酸 5mL、高氯酸 1mL，低温消化至溶液澄清后继续加热近干，冷却后加少许去离子水稀释，转移至 25mL 容量瓶中，用去离子水稀释至刻度，摇匀待测。

2. 测定：

① 分析线选择。分析线 Cu324.754nm、Pb216.999nm、Zn213.856nm。

② 按照仪器操作规程点燃等离子体。

仪器主要参数：高频功率 1150W；冷却气流量 15L/min；辅助气流量 0.5L/min；载气压力 24psi；蠕动泵转速 100r/min；溶液提升量 1.85mL/min。

③ 绘制标准曲线。建立一个新的方法，选择要测定元素和所使用的分析线，设置标准方法后测定空白，并依次测定标准溶液，所有标准溶液测定完后，绘制标准曲线。

④ 测定样品，打印分析报告。

⑤ 用去离子水清洗进样系统 10min，熄灭火焰，待 CID 温度升到 20℃ 以上后关闭氩气。

五、数据记录

名 称	待测元素	浓度/(μg/mL)	A	待测元素	浓度/(μg/mL)	A	待测元素	浓度/(μg/mL)	A
标准溶液	Cu	0		Pb	0		Zn	0	
		1.0			1.0			1.0	
待测液	Cu			Pb			Zn		

六、思考题

1. 人发样为何通常用湿法处理？若用干法处理，会有什么问题？
2. ICP - AES 分析法有哪些优点？

实验 2 ICP - AES 测定大气颗粒物中的金属元素

一、实验目的

1. 掌握多元素 ICP 光谱分析方法。
2. 掌握 ICP 光谱定量的一般过程。
3. 了解 ICP 气体样品的分析方法。

二、实验原理

总悬浮物颗粒指空气动力学当量直径在 100μm 以下的固态和液态颗粒物，以大气溶胶形式存在。我国大气污染中，其中人为排放的细粒占很大比重。它的滞留时间长，富集了大多数有害物质且易沉积在人体肺部，对人体健康的危害性大。

ICP－AES 处理气体样品时，一般是根据检测对象选用合适的吸收液对该气体进行吸收后，再通过测定该溶液得到气体中微量元素的含量。实验采用微孔滤膜收集环境空气中的金属元素，样品消化后用 ICP 法进行测定，分析环境空气中的铜、锰、镁、钙、铁等元素。

三、仪器与试剂

1. 仪器：KB120TSP 大气采样器；ICPE－9000 型电感耦合等离子体光谱仪；微孔滤膜（孔径 0.22μm、直径 9cm）；所有玻璃器皿使用前均用（1＋1）盐酸浸泡过夜，以防止被铁污染。

2. 试剂：氩气，铜、锰、镁、钙、铁贮备液（1.0mg/mL），硝酸、高氯酸、盐酸均为优级纯，水为亚沸蒸馏水。

四、实验内容

1. 混合标准溶液的配制：用标准贮备液配制混合标准溶液，其中每种元素的含量为 10.0μg/mL。

2. 样品采集：用 KB120TSP 大气采样器和微孔滤膜（硝酸纤维和少量醋酸纤维混合而成）采集样品，采样高度 0.5m。流量 60L/min，采集 180min。由于微孔滤膜气阻力很大，采样流量应控制在 80L/min，同时在采样过程中防止滤膜冲破。采样完成后尘面朝里，对折两次成扇形，编号保存并详细记录采样时的气温和气压。

3. 样品处理：将样品滤膜置于 100mL 烧杯中，加入 5.0mL 硝酸、5.0mL 高氯酸，微火加热至近干，用少量水冲洗杯壁，继续微火加热至近干以除尽高氯酸，加入 3.0mL（1＋1）硝酸，加热溶解残渣，转移至 50mL 容量瓶中，用硝酸（1＋99）定容后待测。用空白滤膜做对照试验，溶液的最终酸度控制在 7% 以内。

4. 按照仪器规程点燃等离子体。

仪器主要参数：高频功率 1150W；冷却器流量 15L/min；辅助气流量 0.5L/min；载气压力 24psi（1psi＝6894.76Pa）；蠕动泵转速 100r/min；溶液提升量 1.85mL/min

5. 分析线选择。用混合标准溶液在各分析线波长处依次扫描并作对照。根据计算机显示的谱线及背景的轮廓和强度值，选择分析线。实验选择分析线为铜 324.754nm，锰 257.610nm，钙 393.336nm，铁 259.940nm，镁 279.553nm。

6. 进行标准化，绘制标准曲线。

建立一个新的方法，选择要测定元素和所使用的分析线，设置标准方法后测定空白，并依次测定标准溶液，待测定完成后，绘制标准曲线。

7. 测定样品，打印分析报告。

8. 测定方法对每一种元素的检出限。按所设仪器参数，用 5% 的硝酸空白溶液连续测定 11 次，其结果的 3 倍标准差所对应的浓度值即为检出限。

9. 用去离子水清洗进样系统 10min，熄灭火焰。待 CID 温度升到 20℃ 以上后关闭氩气。

五、数据处理

名　称	待测元素	浓度/(μg/mL)	A	待测元素	浓度/(μg/mL)	A	待测元素	浓度/(μg/mL)	A
标准溶液	铜	0		锰	0		镁	0	
		10.0			10.0			10.0	
	钙	0		铁	0				
		10.0			10.0				
待测溶液	铜			锰			镁		
	钙			铁					

六、思考题

1. 在同时分析多个元素时，如何选择分析线？
2. 为什么本实验选用两点标准法绘制标准曲线

七、注意事项

1. 点火前，要检查光室的温度是否在(32±0.5)℃。

2. 关闭仪器前要使用溶剂或蒸馏水冲洗10min，以免试样沉积在雾化器口和石英炬管口。

实验3　电感耦合等离子体发射光谱法测定污水中的磷

一、目的要求

1. 学习电感耦合等离子体原子发射光谱分析的基本原理。
2. 了解电感耦合等离子体的工作原理。
3. 掌握电感耦合等离子体原子发射光谱法测定污水中磷的实验技术。

二、实验原理

电感耦合等离子体(inductively coupled plasma，ICP)是原子发射光谱(atom emission spectrum，AES)的重要高效光源，它具有灵敏度高(检测限可达0.1~10ng/mL)、选择性好等特点；可测定70多种元素；并且线性范围宽(0.01~1000μg/mL)。

在ICP/AES测定中，测试溶液首先进入雾化系统，并在其中转化成气溶胶，一部分细微颗粒被氩气载入等离子体的环形中心。进入等离子体焰炬的气溶胶在高温作用下，经历蒸发、干燥、分解、原子化和电离过程，所产生的原子和离子被激发，并发出特定波长的光。发射光通过入射狭缝进入光谱仪，照射在光栅上。光栅通过对光的衍射及干涉作用，将光以波长大小色散。选择所需要的特定波长的谱线通过出射狭缝照射在光电倍增管上产生电信号，此信号输入计算机后与标准的信号相比较，从而计算试液的浓度。

三、仪器与试剂

1. 美国热电公司 Intrepid Ⅱ 等离子原子发射光谱仪。

2. P_2O_5 标准溶液（100μg/mL）：称取 0.1917g 于 110℃ 下烘干的基准磷酸二氢钾溶于 1000mL 水中即可；1% 稀盐酸。

四、实验步骤

1. 标准系列：准确吸取 0mL、0.500mL、1.00mL、2.00mL、4.00mL 100μg/mL P_2O_5 标准溶液，置于一系列 50mL 容量瓶中，然后用 1% 盐酸稀释至刻度。

2. 取污水 5mL 于 50mL 容量瓶中用 1% 盐酸稀释至刻度作为样品溶液。

3. 在等离子原子发射光谱仪器上于 213.618nm 波长处测定标准系列及样品。

五、结果处理

计算及报告实验数据。

六、思考题

1. 测定污水中的磷有何意义？

2. 为什么等离子体焰炬可以激发磷这样的非金属元素？

3. 简述等离子体焰炬形成的过程。

附录：原子发射光谱简介

1. 现代 ICP 发射光谱仪：

光电直读等离子体发射光谱仪：光电直读是利用光电法直接获得光谱线的强度，分为两种类型：多道固定狭缝式和单道扫描式。一个出射狭缝和一个光电倍增管，可接受一条谱线，构成一个测量通道。单道扫描式是转动光栅进行扫描，在不同时间检测不同谱线。多道固定狭缝式则是安装多个光电倍增管，同时测定多个元素的谱线，如图 4.1 和图 4.2 所示。

图 4.1　岛津 ICPS - 7510 光谱仪

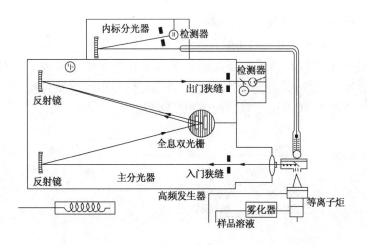

图 4.2 附有内标分光器岛津 ICPS – 7510 扫描型光谱仪

多道固定狭缝式仪器具有多达 70 个通道可选择设置，能同时进行多元素分析，这是其他金属分析方法所不具备的，且分析速度快，准确度高，线性范围宽达 4 ~ 5 个数量级，在高、中、低浓度范围都可进行分析。不足之处是出射狭缝固定，各通道检测的元素谱线一定。已出现改进型仪器：$n + 1$ 型 ICP 光谱仪，即在多通道仪器的基础上，设置一个扫描单色器，增加一个可变通道。

全谱式光谱仪：这类仪器如图 4.3 所示，采用 CID 或 CCD 阵列检测器，可同时检测 165 ~ 800nm 波长范围内出现的全部谱线，且中阶梯光栅加棱镜分光系统，使得仪器结构紧凑，体积大大缩小，兼具多道型和扫描型特点。28mm × 28mmCCD 阵列检测器的芯片上，可排列 26 万个感光点点阵，具有同时检测几千条谱线的能力。

图 4.3 岛津 ICPE – 9000 全谱光谱仪

该仪器特点显著，测定每个元素可同时选用多条谱线，能在 1min 内完成 70 个元素的定性、定量测定，试样用量少，1mL 的样品即可检测所有可分析元素，全自动操作，线性范围达 4 ~ 6 个数量级，可测不同含量试样，分析精度高，CV0.5%，绝对检出限通常在 0.1 ~ 50ng/mL。由于等离子体温度太高，全谱直读型仪器不适合测量碱金属元素，同时高温引起的光谱干扰也是限制 ICP 应用的一个问题，特别是在 U、Fe 和 Co 存在时，光谱干扰更明显。对非金属元素不能检测或灵敏度低是发射光谱法普遍存在的问题。

（1）工作原理　ICP 发射光谱仪一般由五个部分组成，如图 4.4 所示，分析过程主要分为三步，即激发、分光和检测。利用激发光源（ICP）使试样蒸发汽化，离解或分解为原子状态，原子可能进一步电离成离子状态，原子及离子在光源中激发发光。利用光电器件或 CCD 检测光谱，按测定得到的光谱波长对试样进行定性分析，按发射光强度进行定量分析，图 4.4 和图 4.5 是 ICP – AES 的仪器结构图和光路图。

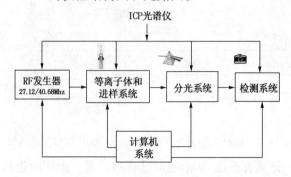

图 4.4　ICP 光谱仪装置原理图

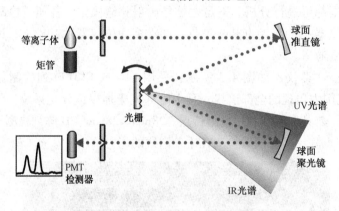

图 4.5　岛津 ICP – 8100 光谱仪光路图

（2）仪器结构　原子发射光谱仪的基本结构由三部分组成，即激发光源、单色器和检测器以及数据处理、记录（计算机）等部分组成。

① 光源：作为光谱分析用的光源对试样都具有两个作用过程。首先，把试样中的组分蒸发离解为气态原子，然后使这些气态原子激发，使之产生特征光谱。因此光源的主要作用是对试样的蒸发和激发提供所需的能量。最常用的光源有直流电弧、交流电弧、电火花等。近年来在光源上又有了一些重要的发展，例如激光光源、电感耦合等离子体（ICP）焰炬等。

电感耦合高频等离子体光源（inductive coupled frequency plasma，ICP）：等离子体是一种由自由电子、离子、中性原子与分子所组成的，在总体上呈电中性的气体。利用电感耦合高频等离子体（ICP）作为原子发射光谱的激发光源始于 20 世纪 60 年代。ICP 形成的原理如图 4.6 所示。

ICP 装置由高频发生器和感应圈、矩管和供气系统、试样引入系统三部分组成。高频发生器的作用是产生高频磁场以供给等离子体能量。应用最广泛的是利用石英晶体压电效应产生高频振荡的它激式高频发生器，其频率和功率输出稳定性高。频率多为 27 ~ 50MHz，最

76

大输出功率通常是 2～4kW。

感应线圈一般是以圆铜管或方铜管绕成的 2～5 匝水冷线圈。

等离子炬管由三层同心石英管组成。外管通冷却气 Ar 的目的是使等离子体离开外层石英管内壁，以避免它烧毁石英管。采用切向进气，其目的是利用离心作用在炬管中心产生低气压通道，以利于进样。中层石英管出口做成喇叭形，通入 Ar 气维持等离子体的作用，有时也可以不通 Ar 气。内层石英管内径约为 1～2mm，载气携带试样气溶胶由内管注入等离子体内。试样气溶胶由气动雾化器或超声雾化器产生。用 Ar 作工作气的优点是，Ar 为单原子惰性气体，不与试样组分形成难解离的稳定化合物，也不会像分子那样因解离而消耗能量，有良好的激发性能，本身的光谱简单。

当有高频电流通过线圈时，产生轴向磁场，这时若用高频点火装置产生火花，形成的载流子（离子与电子）在电磁场作用下，与原子碰撞并使之电离，形成更多的载流子，当载流子多到足以使气体有足够的导电率时，在垂直于磁场方向的截面上就会感生出流经闭合圆形路径的涡流，强大的电流产生高热又将气体加热，瞬间使气体形成最高温度可达 10000K 的稳定的等离子炬。感应线圈将能量耦合给等离子体，并维持等离子炬。当载气携带试样气溶胶通过等离子体时，被加热至 6000～7000K，并被原子化和激发产生发射光谱。

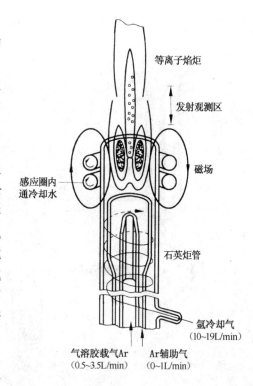

图 4.6 ICP 形成原理图

ICP 焰明显地分为三个区域：焰心区、内焰区和尾焰区。

焰心区呈白色，不透明，是高频电流形成的涡流区，等离子体主要通过这一区域与高频感应线圈耦合而获得能量。该区温度高达 10000K，电子密度很高，由于黑体辐射、离子复合等产生很强的连续背景辐射。试样气溶胶通过这一区域时被预热、挥发溶剂和蒸发溶质，因此，这一区域又称为预热区。

内焰区位于焰心区上方，一般在感应圈以上 10～20mm。略带淡蓝色，呈半透明状态。温度为 6000～8000K，是分析物原子化、激发、电离与辐射的主要区域。光谱分析就在该区域内进行，因此，该区域又称为测光区。

② 分光系统：物质的辐射，具有各种不同的波长。由不同的波长的辐射混合而成的光，称为复合光。把复合光按照不同波长展开而获得光谱的过程称为分光。用来获得光谱的装置称为分光装置或分光器。不同波长的光具有不同的颜色，所以分光也称色散。经色散后所得到的光谱中，有线状光谱、带状光谱和连续光谱。

③ ICP 进样系统：ICP 进样系统通常将产生的等离子焰炬的炬管及其供气系统列入进样系统中。按照样品状态，进样系统可分为三大类：液体进样系统、固体进样系统和气体进样系统。而且针对每一类试样，进样系统中又有许多结构、方法、方式不同的装置。

a. 液体进样装置：将液体雾化，以气溶胶的形式送进等离子体焰炬中。包括气动雾化

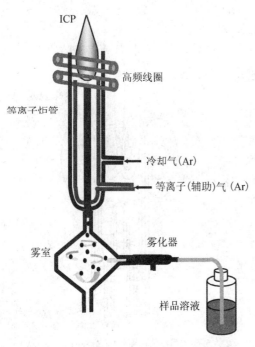

图 4.7　岛津 ICPS - 8100 进样系统

器(它包括不同类型的同心雾化器、垂直交叉雾化器、高盐量的 Babington 式雾化器)，超声波雾化器(它包括去容的超声波雾化器和不去容的超声波雾化器)；高压雾化器(这种雾化器比通常雾化装置能承受气体压力高)，微量雾化器(它包括进样量少的微量雾化器和循环雾化器)，耐氢氟酸的雾化器(这种雾化器是由特殊材料制作，如铂、铑或四氟乙烯等，它的特点是这种装置材料不被氢氟酸腐蚀)。

b. 固体进样装置：将固体试样直接气化，以固体微粒的形式送进等离子体焰炬中。有：火花烧蚀进样器(采用放电火花将样品直接烧蚀产生的气溶胶引入 ICP 焰炬中)；激光烧蚀进样器(采用激光直接照射试样上，使之产生的气溶胶引入 ICP 焰炬中。包括激光微区烧蚀进样)；电加热法进样器(类似 AA 石墨炉进样装置方式，及钽片电加热进样装置，也可进液体样品)；插入式石墨杯(Horlick

式)进样装置；悬浮液进样器(可对具有悬浮液的液体试样，引入 ICP 火焰)。

c. 气体进样装置：将气态样品直接送进等离子体焰炬中。除了气体直接进样装置外，通过氢化物发生装置，将生成气态氢化物送进等离子体焰炬中，也属气体进样方式。

④ 检测器：光谱仪中采用的检测器主要有光电倍增管(PMT)和固体检测器，固体检测器包括电感耦合器件 CCD 和电荷注入器件(CID)

a. 光电倍增管(PMT)：光电倍增管的原理与结构如图 4.8 所示。光电倍增管的外壳由玻璃或石英制成，内部抽成真空，光阴极上涂有能发射电子的光敏物质，在阴极和阳极之间连有一系列次级电子发射极，即电子倍增极，阴极和阳极之间加以约 1000V 的直流电压，在每两个相邻电极之间有 50 ~ 100V 的电位差。当光照射在阴极上时，光敏物质发射的电子首先被电场加速，落在第一个倍增级上，并击出二次电子，这些二次电子又被电场加速，落在第三个倍增级上，击出更多的三次电子，以此类推。可见，光电倍增管不仅起着光电转换作用，而且还起着电流放大作用。

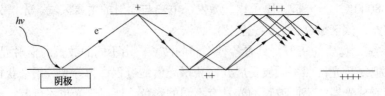

图 4.8　光电倍增管的工作原理图

在光电倍增管中，每个倍增极可产生 2 ~ 5 倍的电子，在第 n 个倍增极上，就产生 $2n$ ~ $5n$ 倍于阴极的电子。由于光电倍增管具有灵敏度高(电子放大系数可达 10^8 ~ 10^9)，线性影响范围宽(光电流在 10^{-9} ~ 10^{-4}A 范围内与光通量成正比)，响应时间短(约 10^{-9}s)等，因此广泛应用于光谱分析仪器中。

b. CCD 检测器：电荷偶合器件 CCD(charge – coupled device)是一种新型固体多道光学检测器件，它是在大规模硅集成电路工艺基础上研制而成的模拟集成电路芯片。由于其输入面空域上逐点紧密排布着对光信号敏感的像元，因此它对光信号的积分与感光板的情形很相似。但是，它可以借助必要的光学和电路系统，将光谱信息进行光电转换、储存和传输，在其输出端产生波长 – 强度二维信号，信号经放大和计算机处理后在末端显示器上同步显示出人眼可见的图谱，无需感光板那样的冲洗和测量黑度的过程。目前这类检测器已经在光谱分析的许多领域获得了应用。

2. ICP 发射光谱分析实验技术：

（1）样品分解：

① 固体样品制备：常规的 ICP 发射光谱分析是溶液进样方式。对于固体样品需要分解，即便是液态的样品，也需前处理以达到分析的要求。试样分解的方法与化学分析和原子吸收方式有很多相似之处，同时也有不同之处。要考虑多元素同时溶解及测定，同时应尽力避免所用的溶剂及器皿带来的杂质的影响。例如为避免光谱干扰，一般不采用化学分析常规用镍坩埚碱熔方式工作，因为镍坩埚碱熔时，镍被溶解稀释后带入试液中，镍是多谱线的元素，易造成镍的谱线对测定元素谱线的光谱干扰。分解试样是一个极为复杂和多变的化学反应过程，它可使这种化学反应的化学平衡方程式生成的各种物质，向可溶解的方向移动，使之产生新的单体、化合物、络合物等溶于水或弱酸中。为使试样分解，在充分了解试样的基本组分、性能上，通常采用如下措施。

a. 使溶解出来的某些组分，能形成难电离的弱电解质（如水、弱酸等）。

b. 使溶解出来的某些组分，能形成可挥发的气体。但此组分不会作为被测定的组分。

c. 使溶解出来的某些组分，能形成稳定的络合物。

d. 使溶解出来的某些组分，能转化为可溶性单质或化合物。

试样分解是技术性与经验性极强的工作，通常需注意的事项如下。

a. 试样分解过程中，不允许待测组分的损失。

b. 不允许从外界引来待测组分，包括溶剂、水与使用的各种器皿。

c. 试样分解方法虽然与化学方法、原子吸收光谱方法类似，但绝不能套用。它有其特别之处，如多元素的同时测定，绝不能因某些组分相互发生作用而丢失。试样的基体浓度不能过高，溶剂的用量不能过大等，以免雾化器、炬管堵塞，以及加大电离干扰等。

d. 一种样品可能会有多种分解方法，在选用哪种分解方法时，一定要与测定方法统筹考虑（例如使用氢化法测定钢中五害元素，使用酸度的大小需考虑）。

e. 有些样品如果加溶剂后，不能一次分解完毕，将不溶的样品分离（例如过滤），进行第二次分解，但是注意从第一次分解时，应抓主要矛盾，使大部组分首先分解，同时作为分离时，绝不能让剩余部分有所损失。

（2）液体样品制备：常用的试样分解方法有溶解法、熔融法及烧结法（又称半熔法）。

溶解法：一般指用无机酸与强碱性的溶液来分解样品的方法。常用的溶剂有以下几种：

①盐酸：它的特点是除 AgCl、$PbCl_2$、Hg_2Cl_2 化合物不溶或微溶于水外，大多数金属的氯化物都是可溶性的化合物。同时很多氯化物具有很好的挥发性，氯离子还可与 Fe 生成弱的络合物，所以 HCl 是一种常用的溶剂，尤其是对钢铁材料的测定。$HCl + H_2O_2$ 及 $HCl + Br_2$ 均是分解金属、硫化矿常用的溶剂。

② 硝酸：它的特点是所有的硝酸盐类都溶于水。硝酸具有强氧化作用，所以在应用于

钢样分解中，可破坏碳化物。尤其是与 H_2O_2 混合使用，是分解生物样品（如，头发、肉类等）常用的溶剂。这里需要解释 1 份 HCl 和 3 份的 HNO_3（通称王水）或 1 份 HNO_3 和 3 份 HCl（通称逆王水）的作用如下：

$$HNO_3 + 3HCl \rightleftharpoons NOCl + Cl_2 + 2H_2O$$

其中 NOCl、Cl_2 具有强氧化性，氯离子具有强络合能力，所以王水也是一种很好的溶剂。

③ 硫酸：它的特点是碱土金属与 Pb 的硫酸盐，不溶或微溶水外，大多数的硫酸盐是可溶于水的。它具有氧化性与脱水性，同时它的沸点是 338℃，比 HCl、HNO_3、HF 都高，所以是一种很好的溶剂。尤其在与 H_3PO_4 混合使用时，它是分解合金钢与矿石样品常用的溶剂。

④ 磷酸：它的特点是在高温下能形成焦磷酸和聚磷酸，使之能与很多元素生成络合物，尤其与 W、Mo、Fe 等生成稳定的络合物，单用它分解样品情况很少。与硫酸混合通常称硫磷混酸，在分解高温合金与铬铁矿、铌铁矿、钛铁矿中经常采用。

⑤ 高氯酸：它的特点是除钾盐、铵盐等极少数几种高氯酸盐不溶或微溶于水外，大部分高氯酸盐均可溶于水。它具有极强的氧化性，浓热的 HClO 与有机物反应，会引起爆炸。在有机物试样分解时，有时也要加高氯酸。但必须注意，必须先加入硝酸破坏有机物，再加高氯酸，以免出现危险。

⑥ 氢氟酸：它的特点是它往往与硝酸、硫酸、高氯酸混合使用。它是地质样品酸溶必不可少的溶剂。它与 Fe、Al、Ti、Zr、W、Nb、Ta 和 U 生成稳定的络合物，与 Si 生成可挥发性 SiF_4。它是金属 Nb、Ta、W 很好的溶剂。

目前广泛使用聚四氟乙烯器皿、石墨坩埚代替铂坩埚。需注意的是，聚四氟乙烯加热温度不能超过 250℃。大量的氢氟酸能腐蚀雾化器与炬管，分解地质样品时，虽使用氢氟酸分解样品，在样品分解后，可用高氯酸赶氢氟酸，这样就不必非用耐 HF 雾化气和炬管。但分析金属 Nb、Ta、W 时，它分解的络合物必须在 HF 酸介质中存在，否则产生水解，这时还是应该用耐 HF 酸的进样系统。

⑦碱性氢氧化钠溶液在聚四氟乙烯烧杯中，往往用 5～7mol/L NaOH 分解高硅铝合金中杂质元素。同样碱性溶液还可分解很多样品，注意有些元素溶解后（如 Al、Fe 等）产生沉淀，这时应该酸化溶解沉淀后，再引入 ICP 火焰中测定。

熔融法：某些样品的组分，如酸性氧化物、硅酸盐、天然的氧化物、人造的高温灼烧过的 Fe_2O_3、Al_2O_3、陶瓷、铁合金等，酸溶解法不能将这类样品分解，就需采用熔融法。

熔融法是将粉末状的酸性盐类或碱性熔剂，与粉末状的样品在坩埚内混合均匀，放置于高温炉中，使之呈熔融态时发生分解反应，使待测组分转化为可溶性的或易为酸分解的化合物。

常用的熔剂有如下几种。

① 焦硫酸钾：它属于酸性盐类熔剂，在 420℃ 以上分解。

$K_2S_2O_7 \longrightarrow K_2SO_4 + SO_3 \uparrow$ 它主要用于分解：Fe、Al、Zr、Nb、Ta 等氧化物试样及中性或碱性的耐火材料样品。

② 碳酸钠和碳酸钾：为碱性熔剂。Na_2CO_3 在 850℃ 分解，K_2CO_3 在 890℃ 分解。如果它们 1∶1 混合，其熔点在 700℃ 左右。它们也经常与 NaOH、Na_2O_2 混合，作为地质样品如硅酸盐、重晶石（$BaSO_4$）的熔剂。

③ 过氧化钠是强氧化性、强腐蚀性的碱性熔剂。它可以通过熔融手段分解很多酸不能溶解的地质样品。例如：铬铁、硅铁、绿柱石、锡石、独居石、铬铁矿、黑钨矿、辉钼矿、硅砖等。

④ 氢氧化钠或氢氧化钾。常用的低熔点碱性熔剂。NaOH 熔点 318℃，KOH 熔点 380℃。往往与其他熔剂混合使用，既可增加熔解能力，同时降低熔融的温度。它们是铝土矿、硅酸盐样品常用的熔剂。注意在使用时，它们容易吸水，常会飞溅。故熔融时需逐渐升温。

烧结法（半熔法）：烧结法起三种作用：

① 样品进一步均匀化；②低于熔剂的熔点温度分解样品，尽量不腐蚀坩埚；③熔融时添加某些试剂，以防止样品中被测组分挥发损失。

烧结法常用的主要熔剂如下。

① Na_2CO_3 + ZnO 用于测定煤与矿物中硫含量。

② $CaCO_3$ + NH_4Cl　一般熔剂均含有 Na、K。若需测定 Na、K 两个元素往往采用这种熔剂。

③ $LiBO_2$（偏硼酸锂）　这也是测定样品中 Na、K 两个元素的熔剂。常用于硅酸盐样品的熔剂。

（3）有机物样品的分解

① 干法灰化。将样品直接进行灰化，包括高温炉灰化法和低温等离子体灰化法。灰化后的残渣，酸分解测定其组分。但是高温灰化如下元素 As、B、Cd、Cr、Cu、Fe、Pb、Hg、Ni、P、V 等，容易有所损失，如果注意灰化温度，这些元素也是可以测定的。

② 湿法消解。常用于测定有机物样品中的金属元素。

硫酸：它是常用的溶剂。其氧化能力不强，但分解样品时的温度高，通常可加入 K_2SO_4 或 $KHSO_4$ 等，提高样品分解能力。而且往往与 HNO_3 混合使用。

硝酸：它也是常用溶剂。其氧化能力强，但分解样品时的温度低。它往往作 H_2SO_4 消解剂，通常先使用 H_2SO_4 使其样品炭化，再加 HNO_3 溶解、蒸近干，以除去亚硝基硫酸，再加 HNO_3 溶解即可。这是目前电气设备胶塑产品 PVC 或 PE 等样品分解的主要方式。

对于一些难消解的样品，可采用 $HClO_4$ + HNO_3 或 $HClO_4$ + HNO_3 + H_2S 作消解剂，用来分解蛋白质、纤维素和一些聚合物样品。也有用该法分解矿物油等。

③ 凯氏方法消解：使用凯氏烧瓶消解方式，能使很多低沸点的元素，在样品分解时不易挥发损失。所以此法可以对上述分解时易挥发元素进行测定。

④ 溶剂浸取：用有机试剂萃取有机物试样的某些金属元素，然后进行测定。

⑤ 高压密封罐消解：高压密封罐由聚四氟乙烯密封罐和不锈钢套筒构成。试样和酸放在带盖的聚四氟乙烯罐中，将其放入不锈钢套筒中，用不锈钢套筒的盖子压紧密封聚四氟乙烯罐的盖子，放入烘箱中加热。加热温度一般在 120～180℃。聚四氟乙烯罐的壁较厚，导热慢一般要加热数小时。停止加热后必须冷却才能打开。溶剂：硝酸，硝酸 + 过氧化氢，酸消耗量小，试剂空白低，试样消解效果好，金属元素几乎不损失，环境污染小，分解周期长。

微波消解：微波消解也是一种在密封容器中消化的手段。它具有高压密封罐法所有优点。消解速度比高压密封罐法快得多。试剂消耗量小，金属元素几乎不损失，不受环境污染，空白低。使用硝酸可消化大多数有机样品。微波炉的价格较高，试样处理能力不如干式灰化和常规消化法。

3. 原子发射光谱仪控制及数据处理

原子发射光谱仪控制系统和数据处理都是由工作站和计算机完成，一台原子发射光谱仪各部分能很好地协同工作主要依赖于软件控制系统。软件控制系统是控制仪器各个部分的工作状态，如控制光源系统的发光状态、调制或补偿，控制分光系统的扫描波长、扫描速度，控制检测器的数据采集、A/D 转换等，这些都由微处理器或计算机配以相应的软件和硬件完成。测试所得的响应值都需要进行数据处理，在对数据处理之前，应将测得的光谱保存。

以岛津 ICPE – 9000 为例，简要介绍原子发射光谱仪的软件操作技术。

（1）启动软件界面见图4.9。

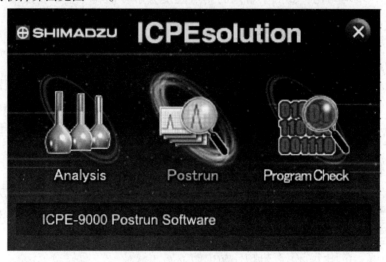

图4.9　启动软件界面

点击 ICPEsolution［Analysis］（［分析］）或［Postrun］（［后处理］）图标，会显示主窗口。见图4.10。

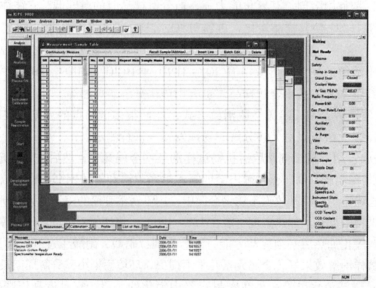

图4.10　软件主窗口

在此重点介绍使用〈开发助手〉确立未知样品的定量分析方法的设定和使用〈诊断助手〉诊断测定结果的设定。

82

（2）开发助手。

未知样品的全元素定性分析：

① 点击《助手栏》的分析出现图4.11样品测定表界面。

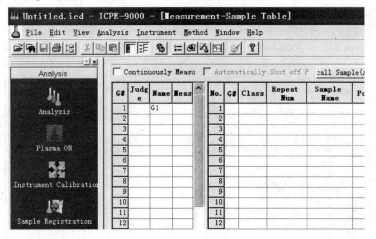

图4.11 样品测定初始界面图

② 从「系统方法」图标选择「全定性.iem」，点击「打开」。显示全定性分析界面，见图4.12，全元素被指定为定性分析元素。

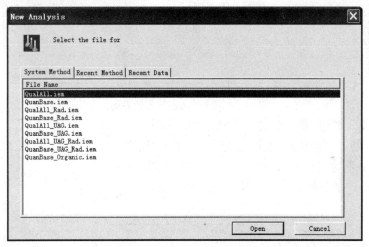

图4.12 全定性分析界面图

测定条件为已设定的默认值，请根据需要进行变更。

③ 点击「插入一行」，在图4.13中输入未知样品的「样品名」。在此测定次数设定为1次。

④ 样品进样，进行测定。

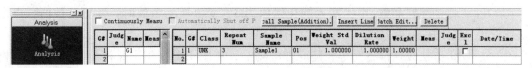

图4.13 未知样品测定

开发助手：

① 点击图 4.10 中「开发助手」。

显示出「开发助手 – 分析元素选择」画面。见图 4.14。

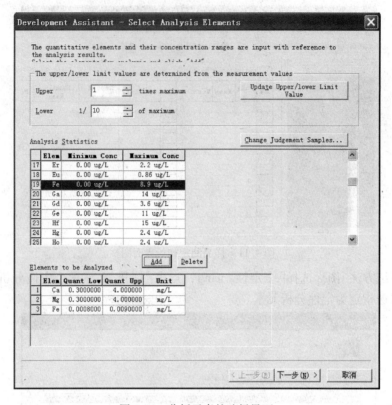

图 4.14　分析元素的选择界面

② 根据需要变更「定量下限」「定量上限」。见图 4.15。

从定性分析的半定量值自动输入「定量上限」的数值。需要扩大测定浓度范围时，请变更此数值。（例：测定 Ca 至 5mg/L 时，将「定量上限」变更为 5）。

③ 选择进行定量分析的元素（例：Ca，Mg，Fe），点击「↓」。

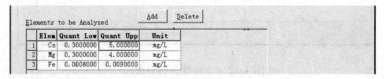

图 4.15　定量上下限变更界面

④ 开发助手可选出定量分析的最佳波长。见图 4.16。

⑤ 点击「下一步」。

⑥ 显示出「开发助手 – 校正样品信息的设定」画面。见图 4.17。

⑦ 在「工作曲线样品数」中已输入的初始值为 3，变更样品个数时，变更此数值，点击「重新设定」。点击「结束」。

⑧ 显示出「方法设定准备完毕。建立方法吗?」，见图 4.18 点击「保存」。建立定量分析方法。

输入方法的文件名，点击「保存」。

图 4.16　分析波长的选择

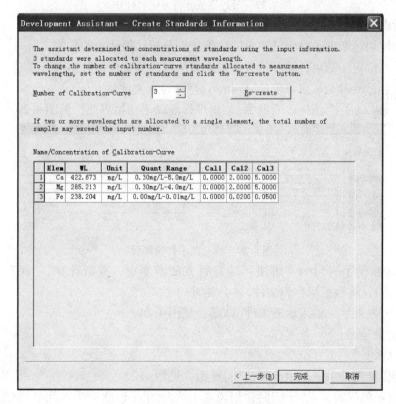

图 4.17　校正样品信息的设定界面

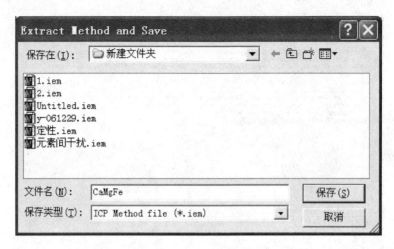

图 4.18　建立方法的保存

⑨ 点击「助手栏」的「分析」，点击「最近的方法」图标，如图 4.19 选择建立的方法。点击「打开」，进行定量分析。

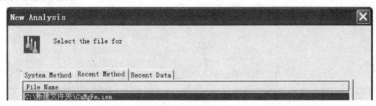

图 4.19　最近定量分析方法的打开

（3）诊断助手：

在此说明使用诊断助手对于已测定的数据进行分析结果评价的步骤。

诊断助手在测定一结束，就可从分析画面或从保存为文件的数据进行诊断。对于保存为文件的数据进行诊断时，从主菜单的「Postrun」打开对象文件。

点击图 4.10「助手栏」的「诊断助手」。出现诊断助手初始界面，见图 4.20。

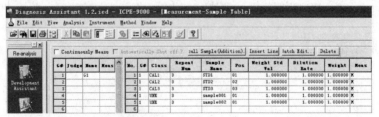

图 4.20　诊断助手初始界面

显示出「诊断助手有时为了解决问题进行方法的变更、重新计算。「保存现在的数据吗?」，点击「是」，将数据保存为文件。（必要时）

① 显示「开发助手 – 输入诊断条件」画面，见图 4.21。

② 设定定量范围。

③ 点击「OK」。

④ 显示出「开发助手 – 显示诊断结果」画面，见图 4.22。

⑤ 选择提示的问题，点击「问题详细说明」，显示出「诊断助手 – 问题详细说明」画面。见图 4.23。

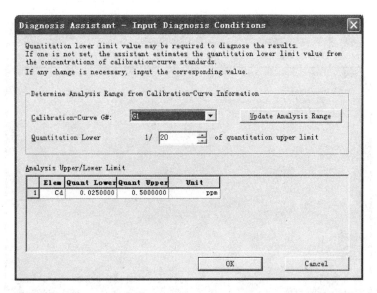

图 4.21 输入诊断条件界面

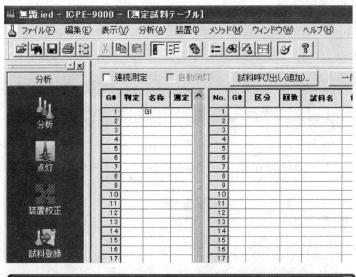

图 4.22 显示诊断结果画面

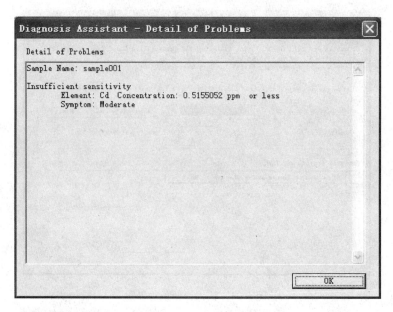

图 4.23　诊断助手 – 问题详细说明画面

⑥ 问题确认结束后，点击「OK」，返回「诊断助手 – 问题详细说明」画面。见图 4.24

⑦ 点击「解决方法」，诊断助手提示针对该问题的解决方法。

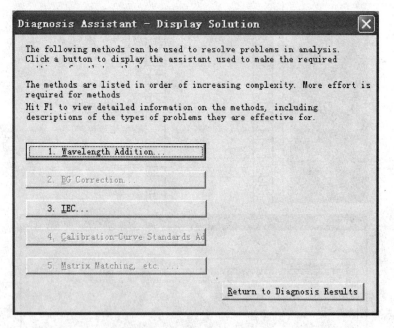

图 4.24　解决方法画面

如此时显示「波长追加」的解决方法。

⑧ 点击「波长追加」。显示波长追加画面。见图 4.25。

⑨ 点击确认「候补追加波长」下的「Adop（采用）」。

⑩ 点击「OK」。显示「将选定的波长追加到方法中。方法变更后，自动实行重新计算，再次诊断结果」。

⑪ 经再次诊断，如果没有问题，则显示「诊断结果未发现问题」。见图 4.26。

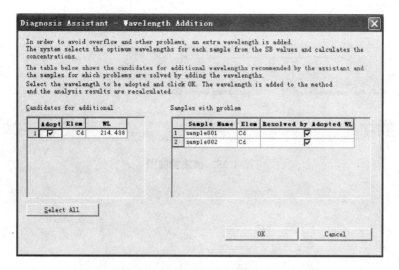

图 4.25　候补追加波长界面

图 4.26　诊断结果对话框

⑫ 点击「OK」。

⑬ 如果不再显示问题，则点击「关闭助手」。见图 4.27。

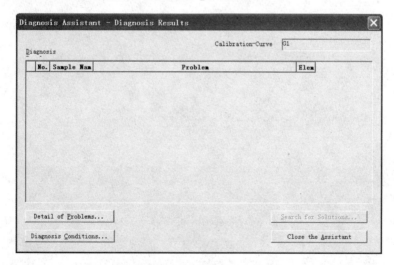

图 4.27　关闭助手对话框

⑭ 问题已得到解决，请确认分析结果。

ICP9000 有自动判别最佳分析线的功能，例如：Pb216.999nm，220.353nm，405.783nm，软件会根据光谱干扰，基体效应，灵敏度等因素自动选择 405.783nm 为最佳分析线，如图4.28。

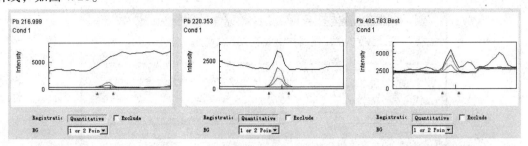

图4.28　谱线轮廓图

第5章 原子吸收分光光度法

实验1 原子吸收分光光度法测定黄酒中的铜和镉的含量

一、实验目的

1. 学习使用标准加入法进行定量分析；
2. 掌握黄酒中有机物的消化方法；
3. 熟悉原子吸收分光光度计的基本操作。

二、基本原理

由于试样中基本成分往往不能准确知道，或是十分复杂，不能使用标准曲线法，但可采用另一种定量方法——标准加入法，其测定过程和原理如下：

取等体积的试液两份，分别置于相同溶剂的两只容量瓶中，其中一只加入一定量待测元素的标准溶液，分别用水稀释至刻度，摇匀，分别测定其吸光度，则：

$$A_x = kc_x$$
$$A_o = k(c_o + c_x)$$

式中，c_x 为待测的浓度；c_o 为加入标准溶液后溶液浓度的增量；A_x，A_o 分别为两次测量的吸光度。将以上两式整理得：

$$c_x = \frac{A_x}{A_o - A_x} c_o$$

在实际测定中，采取作图法得结果更为准确。一般吸取四份等体积试液置于四只等容积的容量瓶中，从第二只容量瓶开始，分别按比例递增加入待测元素的标准溶液，然后用溶剂稀释至刻度，摇匀，分别测定溶液 c_x，$c_x + c_o$，$c_x + 2c_o$，$c_x + 3c_o$ 的吸光度为 A_x，A_1，A_2，A_3，然后以吸光度 A 对待测元素标准溶液的加入量作图，得图 5.1 所示的直线，其纵轴上截距 A_x 为只含试样 c_x 的吸光度，延长直线与横坐标轴相交于 c_x，即为所需要测定的试样中该元素的浓度，在使用标准加入法时应注意：

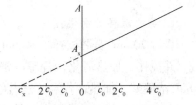

图 5.1 标准加入法工作曲线

（1）为了得到较为准确的外推结果，至少要配制四种不同比例加入量的待测标准溶液，以提高测量准确度。

（2）绘制的工作曲线斜率不能太小，否则外延后将引入较大误差，为此应使一次加入量 c_o 与未知量 c_x 尽量接近。

（3）本法能消除基体效应带来的干扰，但不能消除背景吸收带来的干扰。

（4）待测元素的浓度与对应的吸光度应呈线性关系，即绘制工作曲线应呈直线，而且当c_x不存在时，工作曲线应该通过零点。

采用原子吸收分光光度分析，测定有机金属化合物中金属元素或生物材料或溶液中含大量有机溶剂时，由于有机化合物在火焰中燃烧，将改变火焰性质、温度、组成等，并且还经常在火焰中生成未燃尽的碳的微细颗粒，影响光的吸收，因此一般预先以湿法消化或干法灰化的方法予以除去。湿法消化是使用具有强氧化性酸，例如HNO_3，H_2SO_4，$HClO_4$等与有机化合物溶液共沸，使有机化合物分解除去。干法灰化是在高温下灰化、灼烧，使有机物质被空气中氧所氧化而破坏。本实验采用湿法消化黄酒中的有机物质。

三、仪器与试剂

1. 原子吸收分光光度计、铜、镉元素空心阴极灯、无油空气压缩机或空气钢瓶、通风设备。

2. 金属镉、金属铜（优级纯），浓盐酸、浓硝酸、浓硫酸（均为分析纯），去离子水或蒸馏水，稀盐酸溶液1:1和1:100（V/V），稀硝酸溶液1:1和1:100（V/V）。

3. 标准溶液配制：

（1）铜标准贮备液（1000μg/mL）：准确称取0.5000g金属铜于100mL烧杯中，加入10mL浓HNO_3溶液，然后转移到500mL容量瓶中，用1:100HNO_3溶液稀释到刻度，摇匀备用。

（2）铜标准使用液（100μg/mL）：吸取上述铜标准贮备液10mL于100mL容量瓶中，用1:100HNO_3溶稀释到刻度，摇匀备用。

（3）镉标准贮备液（1000μg/mL）：准确称取0.5000g金属镉于100mL烧杯中，加入10mL1:1HCl溶液溶解之，转移至500mL容量瓶中，用1:100HCl溶液稀释至刻度，摇匀备用。

（4）镉标准使用液（10μg/mL）：准确吸取1mL上述镉标准贮备液于100mL容量瓶中，然后用1:100HCl溶液稀释到刻度，摇匀备用。

四、实验内容

1. 黄酒试样的消化：

量取200mL黄酒试样于500mL高筒烧杯中，加热蒸发至浆液状，慢慢加入20mL浓硫酸，并搅拌，加热消化，若一次消化不完全，可再加入20mL浓硫酸继续消化，然后加入10mL浓硝酸，加热，若溶液呈黑色，此时黄酒中的有机物质全部被消化完，将消化液转移到100mL容量瓶中，并用去离子水稀释至刻度，摇匀备用。

2. 标准溶液系列：

（1）取5只100mL容量瓶，各加入10mL上述黄酒消化液，然后分别加入0.00，2.00，4.00，6.00，8.00mL上述铜标准使液，再用水稀释至刻度，摇匀，该系列溶液铜浓度分别为0.00，2.00，4.00，6.00，8.00μg/mL。

（2）镉标准溶液系列：取5只100mL容量瓶，各加入10mL上述黄酒消化液，然后分别加入0.00，2.00，3.00，4.00，6.00mL镉标准使用液，再用水稀释至刻度，摇匀，该系列溶液加入镉浓度分别为0.00，0.20，0.30，0.40，0.60μg/mL。

3. 根据实验条件，将原子吸收分光光度计按仪器的操作步骤进行调节，待仪器电路和气路系统达到稳定，记录仪上基线平直时，即可进样，测定铜、镉标准溶液系列的吸光度。

五、数据及处理

1. 记录实验条件：
(1) 仪器型号；
(2) 吸收线波长(nm)；
(3) 空心阴极灯电流(mA)；
(4) 狭缝宽度(mm)；
(5) 燃烧器高度(mm)；
(6) 负电压(档)；
(7) 量程扩展(档)；
(8) 时间常数(档)；
(9) 乙炔流量(L/min)；
(10) 空气流量(L/min)；
(11) 燃助比。

2. 列表记录测量的铜、镉标准系列溶液的吸光度(mm)，然后以吸光度为纵坐标，铜、镉标准系列加入浓度为横坐标，绘制铜、镉的工作曲线。

3. 延长铜、镉工作曲线与浓度轴相交，交点为 c_x，根据 c_x 分别换算为黄酒消化液中铜、镉的浓度(μg/mL)。

4. 根据黄酒试液被稀释情况，计算黄酒中铜、镉的含量。

六、思考题

1. 采用标准加入法进行定量分析应注意哪些问题？
2. 以标准加入法进行定量分析有什么优点？
3. 为什么标准加入法中工作曲线外推与浓度轴相交点，就是试液中等测元素的浓度？

实验 2　原子吸收光谱法测定水中镁的含量

一、实验目的

1. 掌握原子吸收光谱法的基本原理；
2. 熟悉原子吸收光谱法的基本定量方法——标准曲线法；
3. 了解原子吸收分光光度计的基本结构、性能和操作方法。

二、实验原理

稀溶液中的镁离子 Mg^{2+} 在火焰温度(<3000K)下变成镁原子蒸气，由光源空心阴极灯辐射出镁的特征谱线被镁原子蒸气强烈吸收，其吸光度 A 与镁原子蒸气浓度 N 的关系符合朗伯-比耳定律。在固定的实验条件下，镁原子蒸气浓度 N 与溶液中镁离子浓度 c 成正比，故

$$A = Kc$$

式中　A——水样的吸光度；

　　　c——水样中镁离子的浓度；

　　　K——常数。

用标准曲线法，可以求出水样中 Mg^{2+} 的含量。

三、仪器及试剂

1. 原子吸收分光光度计，镁元素空心阴极灯，乙炔钢瓶，空气压缩机；容量瓶 250mL，100mL；吸量管 2mL，10mL。

2. 镁标准贮备液（100.0μg/mL）：称取 0.1658g 光谱纯氧化镁 MgO 于烧杯中，用适量盐酸溶解后，蒸干除去过剩盐酸后，用去离子水溶解，转移到 1000mL 容量瓶中，并稀释至刻度。

3. 氯化镧溶液：称取 1.76g 氯化镧 $LaCl_3$ 溶于水中，稀释至 100mL，此溶液含 La10mg/mL。

4. 盐酸：分析纯。

5. 去离子水。

四、实验内容

1. 仪器工作条件的选择：

按改变一个因素，固定其他因素来选择最佳工作条件的方法，确定实验的最佳工作条件是：

镁空心阴极灯工作电流	4mA
狭缝宽度	0.5mm
波长	285.2nm
燃烧器高度	6mm
乙炔流量	1.6L/min

2. 标准曲线的绘制：

（1）镁标准溶液的配制：准确吸取 10.0mL 镁标准贮备液（100.0μg/mL），放入 100mL 容量瓶中，用去离子水稀释至刻度。此溶液镁含量为 10.0μg/mL。

（2）镁标准系列溶液的配制：准确吸取镁标准溶液（10.0μg/mL）0.0（试剂空白），2.00mL，4.00mL，6.00mL，8.00mL，10.00mL 分别放入 6 支 100mL 容量瓶中，再分别加入 5mLLaCl₃溶液，用去离子水稀释至刻度，摇匀。（溶液浓度依次为 0.000mg/L，0.200mg/L，0.400mg/L，0.600mg/L，0.800mg/L 和 1.000mg/L）。

（3）标准系列溶液的测定：按选定的工作条件，用"试剂空白"调吸光度为零，然后由稀到浓依次测定各标准溶液的吸光度值，记录。

3. 水样的测定

准确吸取水样 2.00mL（如水样中 Mg^{2+} 含量低时，可适当多取），放入 100mL 容量瓶中，加入 5mLLaCl₃溶液，用去离子水稀释至刻度，混匀。按同样条件测定吸光度值。做平行样 3 份，记录。

五、数据处理

1. 记录：

实验编号	1	2	3	4	5	6
镁标准溶液体积/mL	0.0	2.00	4.00	6.00	8.00	10.00
含量/μg	0.0	20.0	40.0	60.0	80.0	100.0
浓度 c/(mg/mL)	0.0	0.200	0.400	0.600	0.800	1.000
吸光度值	0.0					
水样吸光度值						

2. 绘制标准曲线：以标准溶液浓度 c(mg/L)为横坐标，对应的吸光度为纵坐标，绘制标准曲线。

3. 在标准曲线上查出水样中镁的含量。

$$水样中镁的含量(mg/L) = c_{标} \times 100/V_{水}$$

式中　$c_{标}$——由标准曲线上查出镁的含量，mg/L；

　　　$V_{水}$——取水样的体积，mL；

　　　100——水样稀释至最后体积，mL。

注意事项：

1. 仪器操作中注意事项：

（1）单光束仪器一般预热 10~30min。

（2）启动空气压缩机压力不允许大于 0.2MPa，乙炔压力最好不要超过 0.1MPa。

（3）点燃空气－乙炔火焰时，应先开空气，后开乙炔；熄灭火焰时，先关乙炔开关，后关空气开关。

（4）排废水管必须用水封，以防回火。

2. 在空气－乙炔火焰中，一般水中常见的阴、阳离子不影响镁、钙的测定。而 Al^{3+} 与 SiO_3^{2-}、PO_4^{3-} 和 SO_4^{2-} 共存时，能抑制钙、镁的原子化，吸光度将减少，使结果偏低。故在水样中加入过量的 La 盐或 Sr 盐，由于 La 和 Sr 能与干扰离子生成更稳定的化合物，将被测元素释放出来，可消除共存离子对 Ca^{2+}、Mg^{2+} 测定的干扰。

3. 如改用氧化亚氮－乙炔高温火焰，所有的化学干扰均会消除。但由于温度高，会出现电离干扰，水样中加入大量钾或钠盐即可消除。

4. 乙炔管道及接头禁止使用紫铜材质，否则易生成乙炔铜引起爆炸。

5. 测定水样中镁含量时，采用标准曲线法；如测定水样中钙含量时，则采用标准加入法定量。

六、思考题

1. 原子吸收光谱测定不同元素时，对光源有什么要求？

2. 用原子吸收光谱法和 EDTA 络合滴定法测定水中金属元素或离子时有何异同？

实验3 石墨炉原子吸收光谱法测定食品中铅的含量

一、实验目的

1. 理解石墨炉原子吸收法的原理。
2. 了解石墨炉原子吸收分光光度计各部分的功能。
3. 掌握石墨炉原子吸收分析法的基本操作技术。

二、实验原理

石墨炉原子吸收光谱法是将石墨炉中的石墨管加热至高温（3000℃），使试样中待测元素原子化，形成的气态基态原子会对入射光产生吸收，吸收程度与待测元素含量成正比，以此测定待测元素的含量。

铅是重金属元素，它对人体尤其对儿童的影响非常大，铅可损伤大脑中枢及周围神经系统，引起儿童生长发育、智力发育、学习记忆障碍等，同时对人体的免疫系统、消化系统、神经系统等都有较严重的伤害。铅的测定对铅中毒的诊断、预防和治疗及其影响机理的研究都是很重要的。

三、仪器和试剂

1. 仪器：

原子吸收分光光度计（附石墨炉和铅空心阴极灯）；所使用的玻璃仪器要求用硝酸（1 + 5）浸泡过夜，用水反复冲洗，最后用去离子水冲洗干净备用。

2. 试剂：

铅标准贮备液（1mg/mL）：准确称取1.000g金属铅（99.99%），分次加少量硝酸（1 + 1），加热溶解，总量不超过37mL，移入1000mL容量瓶，加水至刻度，混匀即得。

铅标准工作溶液（10μg/mL）：吸取铅标准贮备液1.0mL于100mL容量瓶中，加硝酸（0.5mol/mL）稀释至刻度，摇匀。

混合酸：硝酸 – 高氯酸（4:1）。

硝酸（1 + 1）。

四、实验内容

1. 样品预处理：

称取样品1.00 ~ 5.00g于锥形瓶中，放数粒玻璃珠，加10mL混合酸，加盖浸泡过夜，在电炉上加热，若变棕黑色，再加混合酸，直至冒白烟，得无色透明或略带黄色的液体，转入容量瓶中定容，混匀备用，同时做试剂空白。

2. 标准工作溶液的配制：

分别取1.0mL、2.0mL、4.0mL、6.0mL、8.0mL的铅标准贮备液于100mL容量瓶中，加硝酸（0.5mol/mL）稀释至刻度，摇匀。得10.0μg/mL、20.0μg/mL、40.0μg/mL、60.0μg/mL、80.0μg/mL标准工作溶液。

3. 仪器的准备：

参考工作条件：

分析线	283.3nm	灰化温度与时间	450℃，15~20s
狭缝宽度	0.2~1.0nm	原子化温度与时间	1700~2300℃，4~5s
灯电流	5~7mA	背景校正	氘灯或塞曼效应
干燥温度与时间	120℃，20s		

4. 标准曲线的绘制：

吸取已配制 10.0μg/mL、20.0μg/mL、40.0μg/mL、60.0μg/mL、80.0μg/mL 的铅标准溶液各 10μL，注入石墨炉，测定吸光度，并绘制吸光度和浓度的工作曲线。

5. 样品的测定：

分别吸取试样溶液和试剂空白液各 10μL，注入石墨炉中，测定吸光度。

五、数据记录与处理

1. 列表记录标准溶液系列和试样溶液的吸光度(扣空白后)。

2. 绘制标准工作曲线，从工作曲线上查得试样溶液的铅含量并计算样品中铅的含量。

六、思考题

1. 比较火焰与石墨炉原子吸收光谱分析法的优缺点？

2. 石墨炉原子吸收分析的操作中主要应注意哪几个问题？为什么？

实验4　火焰原子吸收法测定
废水中的铜、铅、镉和锌

一、实验目的

学习利用原子吸收分光光度法测定混合溶液中的金属离子。

二、实验原理

铜(Cu)是人体必不可少的元素，成人每日的估计需要量为 20mg。水中的铜达 0.01mg/L 时，对水体自净有明显的抑制作用。铜对水生生物的毒性很大，有人认为铜对鱼类的起始毒性浓度为 0.002mg/L，但一般认为水体含铜 0.01mg/L 对鱼类是安全的。铜对水生生物的毒性与其在水体中的形态有关，游离铜离子的毒性比络合态铜要大得多。灌溉水中硫酸铜对水稻的临界危害浓度为 0.6mg/L。世界范围内，淡水平均含铜 3μg/L，海水平均含铜 0.25μg/L。铜的主要污染源有电镀、冶炼、五金、石油化工和化学工业等部门排放的废水。

铅(Pb)是可在人体和动物组织中积累的有毒金属。铅的主要毒性效应是贫血症、神经机能失调和肾损伤。铅对水生生物的安全浓度为 0.16mg/L。用含铅 0.1~4.4mg/L 的水灌溉水稻和小麦时，作物中含铅量明显增加。世界范围内，淡水中含铅 0.06~120μg/L；海水

含铅 $0.03 \sim 1.3\mu g/L$。铅的主要污染源是蓄电池、冶炼、五金、机械、涂料和电镀工业等部门的排放废水。

镉（Cd）不是人体的必需元素。镉的毒性很大，可在人体内积蓄，主要积蓄在肾脏，引起泌尿系统的功能变化。水中含镉 $0.1mg/L$ 时，可轻度抑制地面水的自净作用。用含镉 $0.04mg/L$ 的水进行农业灌溉时，土壤和稻米受到明显污染，农业灌溉水中含镉 $0.007mg/L$ 时，即可造成污染。绝大多数淡水的含镉量低于 $1\mu g/L$，海水中镉的平均浓度为 $0.15\mu g/L$。镉的主要污染源有电镀、采矿、冶炼、染料、电池和化学工业等排放的废水。

锌（Zn）是人体必不可少的有益元素。碱性水中锌的浓度超过 $5mg/L$ 时，水有苦涩味，并出现乳白色。水中含锌 $1mg/L$ 时，对水体的生物氧化过程有轻微抑制作用。锌的主要污染源是电镀、冶金、颜料及化工等部门的排放废水。

将样品或消解处理好的试样直接吸入火焰，火焰中形成的原子蒸气对光源发射的特征线产生吸收。将测得的样品吸光度和标准溶液的吸光度进行比较，确定样品中被测元素的含量。

直接吸入火焰原子吸收分光光度法测定快速、干扰少，适合分析废水和受污染的水。石墨炉原子吸收分光光度法灵敏度高，但基体干扰比较复杂，适合分析清洁水。

地下水和地面水中的共存离子和化合物，在常见浓度下不干扰测定。当钙的浓高于 $1000mg/L$ 时，抑制镉的吸收；浓度为 $2000mg/L$ 时，信号抑制达 19%。在弱酸性条件下，样品中六价铬的含量超过 $30mg/L$ 时，由于生成铬酸铅沉淀而使铅的测定结果偏低，在这种情况下需要加入 1% 抗坏血酸将六价铬还原成三价铬。样品中溶解硅的含量超过 $20mg/L$ 时干扰锌的测定，使测定结果偏低，加入 $200mg/L$ 钙可消除这一干扰。铁的含量超过 $100mg/L$ 时，抑制锌的吸收。当样品中含盐量很高，分析线波长又低于 $350nm$ 时，可能出现非特征吸收。如高浓度钙，因产生非特征吸收，即背景吸收，使铅的测定结果偏高。根据检验的结果，如果存在基体干扰，可加入干扰抑制剂，或用标准加入法测定并计算结果。如果存在背景吸收，用自动背景校正装置或邻近非特征吸收谱线法进行校正。

本法适用于测定地下水、地面水和废水中的镉、铅、铜和锌。适用浓度范围与仪器的特性有关，表 5.1 列出一般仪器的适用浓度范围。

表 5.1 使用浓度范围

元　　素	适用浓度范围/（mg/L）	元　　素	适用浓度范围/（mg/L）
镉	$0.05 \sim 1$	锌	$0.2 \sim 10$
铜	$0.05 \sim 5$	铅	$0.05 \sim 1$

三、仪器和试剂

1. 原子吸收分光光度计、背景校正装置，所测元素的空心阴极灯及其他必要的附件。

2. 硝酸（GR），高氯酸（GR）。

3. 金属标准贮备溶液：准确称取 $0.5000g$ 光谱纯金属，用适量 1:1 硝酸溶解，必要时加热直至溶解完全。用水稀释至 $500mL$，此溶液每毫升含 $1.00mg$ 金属。

4. 混合标准溶液：用 0.2% 硝酸稀释金属标准贮备溶液配制而成，使配成的混合标准溶液每毫升含镉、铜、铅和锌分别为 $10.0\mu g$，$50.0\mu g$，$100.0\mu g$ 和 $10.0\mu g$。

四、实验步骤

1. 样品预处理：

取 100mL 水样放入 200mL 烧杯中，加入硝酸 5mL，在电热板上加热消解（不要沸腾）。蒸至 10mL 左右，加入 5mL 硝酸和 2mL 高氯酸，继续消解，直至剩余 1mL 左右。如果消解不完全，再加入硝酸 5mL 和高氯酸 2mL，再次蒸至 1mL 左右。取下冷却，加水溶解残渣，通过预先用酸洗过的中速滤纸滤入 100mL 容量瓶中，用水稀释至标线。

取 0.2% 硝酸 100mL，按上述相同的程序操作，以此为空白样。

2. 校准曲线：

准确移取混合标准溶液 0mL、0.50mL、1.00mL、3.00mL、5.00mL 和 10.00mL，分别放入 6 个 100mL 容量瓶中并用 0.2% 硝酸稀释定容。此混合标准系列各金属的浓度见表 5.2，接着按样品测定的步骤测量吸光度。用经空白校正的各标准的吸光度对相应的浓度做图，绘制校准曲线。

表 5.2　标准系列的配制和浓度

混合标准使用液体积/mL		0	0.50	1.00	3.00	5.00	10.0
标准系列各 金属浓度/ （mg/L）	镉	0	0.05	0.10	0.30	0.50	1.00
	铜	0	0.25	0.50	1.50	2.50	5.0
	铅	0	0.50	1.0	3.00	5.00	10.0
	锌	0	0.05	0.10	0.30	0.50	1.00

注：定容体积 100mL。

3. 样品测定：

按表 5.3 所列参数选择分析线和调节火焰。仪器用 0.2% 的硝酸调零。吸入空白样和试样，测量其吸光度。扣除空白样吸光度后，从校准曲线上查出试样中金属的浓度。如可能，也可从仪器上直接读出试样中的金属浓度。

表 5.3　分析线波长和火焰类型

元　素	分析线波长/nm	火焰类型
镉	228.8	乙炔－空气，氧化型
铜	324.7	乙炔－空气，氧化型
铅	283.3	乙炔－空气，氧化型
锌	213.8	乙炔－空气，氧化型

五、结果处理

将标准系列溶液的浓度和测得的标准系列溶液的吸光度分别做图的四条工作曲线。再根据待测溶液的吸光度从工作曲线得出样品中镉金属离子含量，单位 mg/L。

六、思考题

1. 为什么要扣除空白溶液的吸光度？
2. 水样为什么要事先进行消化？

附录：原子吸收分光光度计简介

1. 原子吸收分光光度计的工作原理：

原子吸收分光光度计有单光束和双光束之分，主要由光源、原子化系统、单色器、检测器及数据处理系统组成。单光束仪器结构简单，操作方便，但受光源稳定性影响较大，易造成基线漂移。为了消除火焰发射的辐射线的干扰，空心阴极灯可采取脉冲供电，或使用机械扇形板斩光器将光束调制成具有固定频率的辐射光通过火焰，使检测器获得交流信号，而火焰所发出的直流辐射信号被过滤掉。双光束仪器中，光源（空心阴极灯）发出的光被斩光器分成两束，一束通过火焰（原子蒸气），另一束绕过火焰为参比光束，两束光线交替进入单色器。双光束仪器可以使光源的漂移通过多参比光束的作用进行补偿，能获得稳定的输出信号。原子吸收分光光度计的原理图见图 5.2。

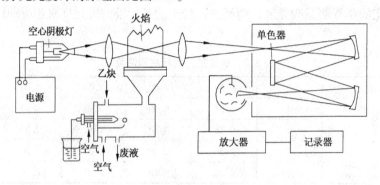

图 5.2　原子吸收分光光度计原理图

另外为了提高稳定性，近年来出现了三维光学系统，如图 5.3。该光学系统具有以下特点：配备可变衰减器，精密调节 D2 光使光束平衡性能提高；尽量少的光学镜片的使用，减少光能量损失；分光器入口处的成像特性的最优化；增益设定的数据库化使发光的影响减轻。

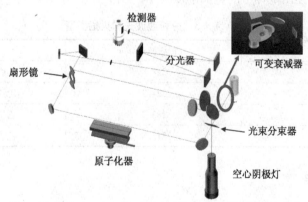

图 5.3　三维光学系统示意图

2. 仪器结构

（1）光源　原子吸收法要求使用锐线光源，目前普遍使用的锐线光源是空心阴极灯，之外还有高频无极放电灯、蒸气放电灯等。光源应能满足辐射光强度大、稳定性好、背景辐射小等要求。空心阴极灯的结构如图 5.4 所示，阴极为一空心金属管，内壁衬或熔有待测元素

100

的金属，阳极为钨、镍或钛等金属，灯内充有一定压力的惰性气体。

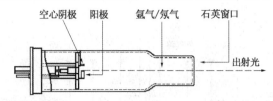

图5.4 空心阴极灯结构示意图

当两电极间施加适当电压时，电子将从空心阴极内壁流向阳极，与充入的惰性气体碰撞而使之电离，产生正电荷。正电荷在电场作用下，向阴极内壁猛烈轰击，使阴极表面的金属原子溅射出来，溅射出来的金属原子与电子、惰性气体原子及离子发生撞碰而被激发，产生的辉光中便出现了阴极物质的特征光谱，用不同待测元素作阴极材料，可获得相应元素的特征光谱。

（2）原子化系统　原子化器的功能是提供能量，使试样干燥、蒸发和原子化。在原子吸收光谱分析中，试样中被测元素的原子化是整个分析过程的关键环节。实现原子化的方法，最常用的有两种：一种是火焰原子化法，另一种是非火焰原子化法。

① 火焰原子化器：火焰原子化法中常用预混合型原子化器，其结构如图5.5所示。这种原子化器由雾化器、混合室和燃烧器组成。

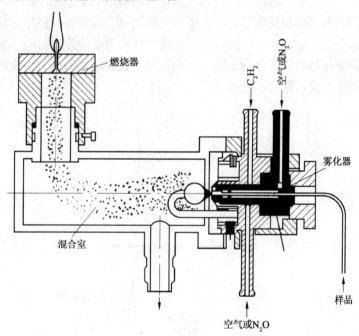

图5.5 预混合型火焰原子化器示意图

雾化器是关键部件，其作用是将试液雾化，使之形成直径为微米级的气溶胶。混合室的作用是使较大的气溶胶在室内凝聚为大的溶珠沿室壁流入泄液管排走，使进入火焰的气溶胶在混合室内充分混合均匀以减少它们进入火焰时对火焰的扰动，并让气溶胶在室内部分蒸发脱溶。燃烧器最常用的是单缝燃烧器，其作用是产生火焰，使进入火焰的气溶胶蒸发和原子化。

原子吸收测定中最常用的火焰是乙炔－空气火焰，此外，应用较多的是氢气－空气火焰和乙炔－氧化亚氮高温火焰。

② 非火焰原子化器。非火焰原子化器中，常用的是管式石墨炉原子化器，其结构如图5.6所示。

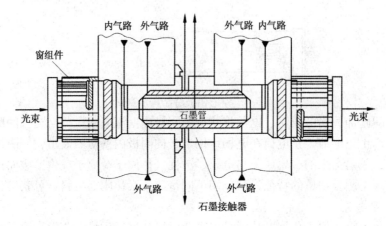

图 5.6　管式石墨炉原子化器示意图

管式石墨炉原子化器由加热电源、保护气控制系统和石墨管状炉组成。加热电源供给原子化器能量，电流通过石墨管产生高热高温，最高温度可达 3000℃。保护气控制系统是控制保护气的，仪器启动，保护气 Ar 流通，空烧完毕，切断 Ar 气流。外气路中的 Ar 气沿石墨管外壁流动，以保护石墨管不被烧灼，内气路中 Ar 气从管两端流向管中心，由管中心孔流出，能有效地除去在干燥和灰化过程中产生的基体蒸气，同时保护已原子化的原子不再被氧化。在原子化阶段，停止通气，以延长原子在吸收区内的平均停留时间，避免对原子蒸气的稀释。石墨炉原子化器的操作分为干燥、灰化、原子化和净化四步，由微机控制实行程序升温。图 5.7 为程序升温过程的示意图。

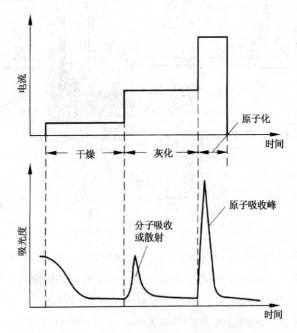

图 5.7　无火焰原子化器程序升温过程示意图

石墨炉原子化法的优点是，试样原子化是在惰性气体保护下强还原性介质内进行的，有利于氧化物分解和自由原子的生成。用样量小，样品利用率高，原子在吸收区内平均停留时

102

间较长，绝对灵敏度高。液体试样和固体试样均可直接进样测定。缺点是试样组成不均匀性较大，有强的背景吸收，测定精密度不如火焰原子化法。

（3）分光器　分光器的作用是将所需要的共振吸收线分离出来。分光器的关键部件是色散元件，现在商品仪器都使用光栅。原子吸收光谱仪对分光器的分辨率要求不高，曾以能分辨开镍三线 Ni230.003nm、Ni231.603nm、Ni231.096nm 为标准，后采用 Mn279.5nm 和 Mn279.8nm 代替 Ni 三线来检定分辨率。光栅放置在原子化器之后，以阻止来自原子化器内的所有不需要的辐射进入检测器。分光器由入射和出射狭缝、反射镜和色散元件组成。

（4）检测系统　原子吸收分光光度计最常用的检测器是光电倍增管（photomultiplier tube，PMT）。其结构如图 5.8 所示，随着固体光电检测器件技术的发展，近年来也有采用电荷耦合器件（charge couple device，CCD）等固体光电器件作为光传感器的商品仪器推出。在多元素同时测定的原子吸收分光光度计中，一般采用 CCD 等数组式固体光电检测器件来同时获得多条谱线信号。但是，光电倍增管还是原子吸收分光光度计最常用的光电传感器，具有响应线性范围宽、光谱响应范围等优点。

3. 原子吸收光谱仪控制及数据处理：

以 AA－6800 为例，简要介绍原子吸收光谱仪的软件操作技术。图 5.9 为 AA－6800 为软件的操作流程。

（启动AA软件）
① Wizard选择
② 元素选择
③ 制备参数
④ 样品标识符
⑤ 样品选择
⑥ 连接主机/发送参数
⑦ 光学参数
⑧燃烧器/气体流量设置
（完成）
（开始测定）

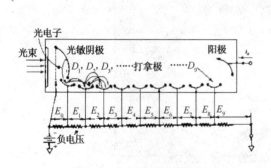

图 5.8　光电倍增管结构图

图 5.9　AA－6800 为软件的操作流程

（1）仪器自检画面　首先启动软件进行连接仪器，出现仪器自检界面，见图 5.10。

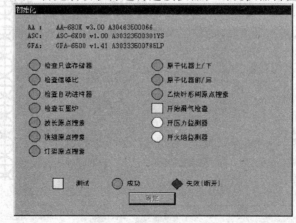

图 5.10　仪器自检页

103

自检过程中黄心方块项目表示正在执行检测项，绿色实心圆表示自检成功项，红色实心菱形表示检测失败或未打开项。因此，若用户只使用火焰方式测定时，ASC 与 GFA 均可以处于断开的状态，允许 ASC、GFA 显示红色不通过，其余各项均应正常自检完成。

（2）元素选择　当出现"Wizard 选择"对话框时，见图 5.11，如果需要设置一套新的参数，双击 Wizard 上的元素选择或点击图标，再点击 < 确定 > 键。然后将出现"元素选择"页。见图 5.12。

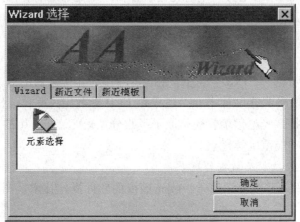

图 5.11　Wizard 选择"对话框

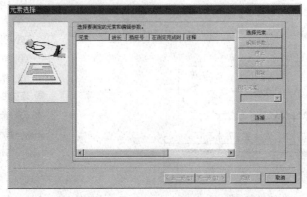

图 5.12　"元素选择"页

点击 < 选择元素 > 键。出现"装载参数"页，见图 5.13，在此页选择要测定的元素。完成所有设置后，点击 < 下一步 >，将出现制备参数页。见图 5.14。

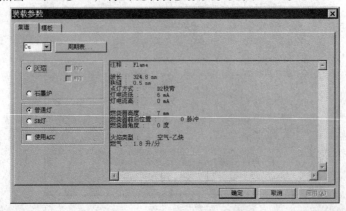

图 5.13　菜谱页中的装载参数

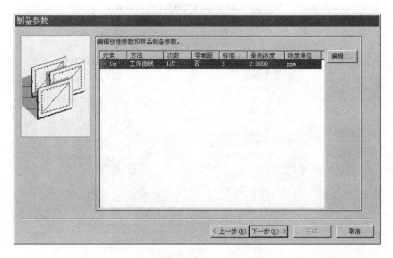

图 5.14 "制备参数"页

（3）制备参数 首先，点击选择的元素行，使之变亮，然后点击＜编辑＞键，出现"制备参数"页。见图 5.15。

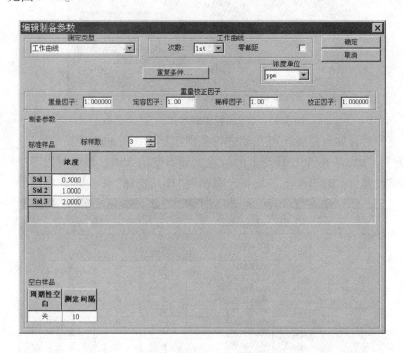

图 5.15 "编辑制备参数"页

在此设置测定类型及标准曲线的类型及条件等，当完成所有的设置后，点击＜下一步＞，将出现"样品标识符"页，见图 5.16。

（4）样品标识符。

① 在"样品标识符"页，首先输入测定样品的个数，然后用键盘逐一输入样品的标识符（样品名）到［样品标识符］的各单元中。

② 当所有样品取连续号码的相同名称时，可点击＜集体设置＞，将出现"样品标识符集体设置"的对话框（图 5.17）。

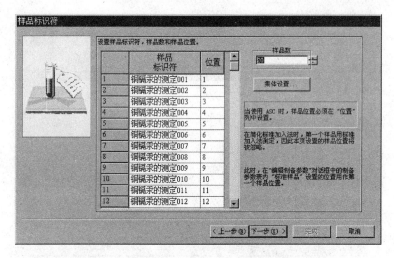

图 5.16 "样品标识符"页

图 5.17 "样品标识符集体设置"对话框

③ 集体设置后，如果需要还可在此进行个别样品标识符的改变。

④ [位置]是指样品在 ASC 转盘上的位置。如不使用 ASC，该项可以不于置理。

⑤ 在完成设置后，点击 < 下一步 >，将出现"样品选择"页。见图 5.18。

图 5.18 样品选择页

（5）样品选择　在样品选择页中，决定每个样品需要测定的元素。

当每一个样品测定所有的元素，确认每列中是否都有一个复选标记，然后点击 < 下一步 > 进入到"连接主机/发送参数"页。

① 点击不需测定样品的相应元素的复选框，去除复选标记即可。拖曳鼠标的光标，选择不测定的范围，然后在键盘上按 DEL 键或点击鼠标右键后选择"不测定"可集体去除不测定项目的复选标记。

② 在完成设置后，点击 <下一步> 进入到"连接主机/发送参数"页。见图5.19。

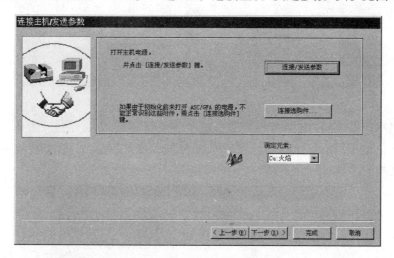

图5.19　"连接主机/发送参数"页

（6）连接主机/发送参数　初始化完成后，点击 <确定> 关闭"初始化"对话框。然后，在"连接主机/发送参数"页点击 <下一步>，进入到"光学参数"页。见图5.20。

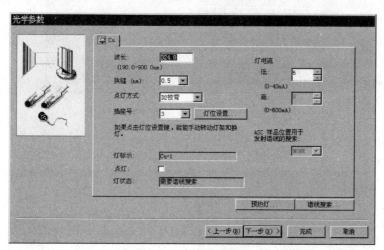

图5.20　"光学参数"页

（7）光学参数　此处设置最先分析元素的波长、狭缝、插座号、灯电流和点灯方式等。注意这里设置的参数只用于首先分析的元素（即在"元素选择"页或"连接主机/发送参数"页的右下方[测定元素]中指定的元素）。点击 <灯位设置> 键，将出现"灯位设置"对话框，见图5.21。输入实际安装在各插座上的"元素"和灯的"类型"。元素从下拉式菜单中选择。"灯类型"从下拉式菜单中选择"普通灯"或"SR 灯"。然后在[灯标识符]列中选择灯标识符。点击 <确定> 返回到"光学参数"页。当"灯位设置"对话框打开时，可以手动转动灯架和换灯。

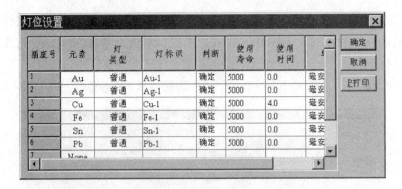

图 5.21 "灯位设置"对话框

用于设置当前设置的测定元素测定完毕后下一个测定元素空心阴极灯的预热。如果点击
<谱线搜索>，出现"谱线搜索/光束平衡"对话框。图 5.22 为谱线搜索/光束平衡已经完
成，显示谱线搜索/光束平衡的结果。

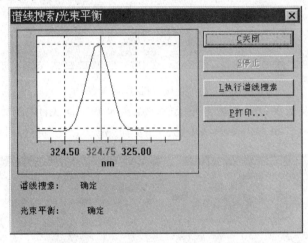

图 5.22 "谱线搜索/光束平衡"对话框

（8）燃烧器/气体流量设置 在"燃烧器/气体流量设置"页，即图 5.23 中设置燃烧器位
置和燃气流量，通过点击单选键分别选择操作［燃烧器位置］或［燃气流量］。

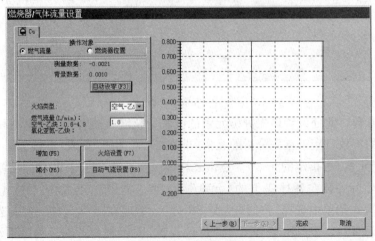

图 5.23 "燃烧器/气体流量设置"页（AA-6800）

108

当所有设置完成后在主窗口(图5.24)进行样品测定。

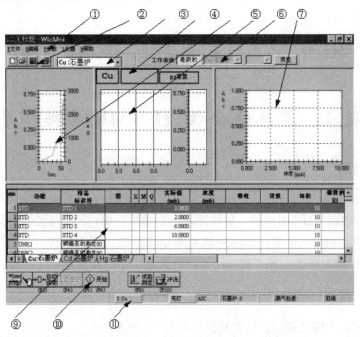

图5.24　样品测定主窗口

出现的主窗口包括下列项目：①菜单条；②标准工具条；③测定元素工具条(当前测定元素)；④吸收值数字显示；⑤实时图像(和温度程序图)；⑥峰轮廓(最新的4次测定，并重叠显示)；⑦工作曲线工具条(选择工作曲线和类型)；⑧工作曲线显示；⑨MRT工作单；⑩功能键；⑪状态条。

第6章 核磁共振波谱分析

实验1 单纯化合物 ^{1}H NMR 的结构鉴定

一、实验目的

1. 通过实验初步掌握脉冲傅里叶变换 NMR 谱仪基本原理与构造。

2. 初步掌握获得 NMR 图谱的一般操作程序与技术，做出给定未知物的 ^{1}H NMR 谱图。

3. 通过给定未知物的推定，加深理解关于化学位移、耦合常数、一级谱、峰面积及其影响因素等 NMR 基本概念，并了解运用这些概念分析谱图和推定分子结构的一般过程。

二、仪器与试剂

1. 仪器：核磁共振波谱仪，核磁共振样品管（直径 5mm）。

2. 试剂：已知分子式的系列试样，如 C_3H_8O，C_4H_8O，$C_4H_8O_2$，$C_4H_{10}O$，$C_7H_{12}O_4$，C_8H_{10} 等；已知相对分子量 $M = 72$，且只含有碳、氢、氧 3 种元素的系列化合物。

三、实验内容与步骤

1. 启动仪器，使探头处于热平衡状态，谱仪程序处于待用状态（教师提前完成）。

2. 锁场并调分辨率。电磁铁仪器以内锁方式观察标准样品中氘信号进行锁场。利用标样中乙醛的 FID 信号或醛基四重峰，仔细调节匀场线圈电流，获得最佳仪器分辨率。超导仪器宜用 $CDCl_3$ 标样利用峰形峰宽作为依据获得最佳仪器分辨率。

3. 设置测量参数及测量。设置的参数包括：①^{1}H 谱观测频率及其观测偏值；②^{1}H 谱谱宽为 $(10 \sim 15) \times 10^{-6}$；③观测射频脉冲 $45° \sim 90°$；④延迟时间 $1 \sim 2s$；⑤累加次数 $4 \sim 32$ 次；⑥采样数据点 $8000 \sim 32000$；⑦脉冲序列类型，无辐照场单脉冲序列。

4. 试样制备。上述待测试样任选其一（约几十毫克）用 $0.5mL$ CCl_4（外锁测量）或 $CDCl_3$ 混溶，滴加少许 TMS，小心移入样品管内，盖上小帽，擦净外壁，套上转子，以量规确定其位置待测测量用。

5. 切换到外锁状态，更换欲测的试样，或直接以内锁方式选择某一已知分子式的试样或选择某一已知相对分子质量的试样，以 $20r/min$ 的速度旋转测出 ^{1}H NMR 谱。

6. 作出谱图。利用所选用参数，对采集的 FID 信号作如下的加工处理：①数据的窗口处理；②作快速傅里叶变换（FIT）获得频图谱；③作相应调整；④调整标准参考峰位（如 TMS 为 0），$CDCl_3$ 参余氢为 7.27），显示并记录谱峰化学位移 i；⑤对谱峰作积分处理，记录积分相对值；⑥合理布局谱图与积分曲线的大小与范围等，绘出谱图。

四、数据处理及结果分析

按表 6.1 记录实验数据并作整理。

表 6.1　实验数据

峰序号	δ	δ/Hz	J	J/Hz	峰积分高度/cm	相对数

五、注意事项

1. 严格按操作规程进行,实验中不用的旋钮不得任意乱动。

2. 严禁将磁性物体(工具、手表、钥匙等)带到枪刺体附近,尤其是探头区。

3. 样品管的插入与取出,务必小心谨慎。切忌折断或碰碎在探头中造成事故。样品管外壁应先擦干净,用量规限定转子的高度,用以保证试样在磁体发射线圈中心位置。

六、思考题

1. 利用脉冲傅里叶方式是如何获得 NMR 频谱的?

2. NMR 波谱法与 IR、UV 光谱法相比较有何重要差异?为什么?

3. NMR 波谱仪有哪些主要部件,各自功能及他们之间的相互关系如何?

实验 2　巴豆酸乙酯核磁共振氢谱(^{1}H NMR)的测定

一、实验目的

1. 学习核磁共振波谱仪测定核磁共振氢谱(^{1}H NMR)的方法。

2. 通过测定核磁共振氢谱,获取与该结构相关的质子信息,化学位移,自旋 - 自旋耦合常数和信号强度数据。

3. 学习核磁共振氢谱的解析方法。

二、实验原理

各类氢核在分子中的位置不同,所受电子屏蔽也不同,它们将在不同频率处发生共振,这就叫化学位移。因此凡能影响电子云密度的的因素,均会影响化学位移。通过测定巴豆酸乙酯的核磁共振氢谱,了解化学位移、耦合裂分与化合物结构的关系。

巴豆酸乙酯的结构式如下:

三、仪器与试剂

1. 德国 Bruker 公司 Advance 300MHz 傅里叶变换核磁共振波谱仪；标准核磁共振样品管一支(5mm)，塑料针管进样器一支(1mL)，微型进样器各一支(100μL、200μL)。

2. 巴豆酸乙酯，四甲基硅烷，氘代氯仿。

四、实验步骤

1. 配制样品溶液：

取一支洁净、干燥的 5mm 标准核磁共振样品管，加入 0.7mL CDCl$_3$(5 cm 填充高度)，40μL 巴豆酸乙酯和几滴含 3% TMS 的 CDCl$_3$ 溶液。振摇，充分混合均匀。擦净样品管的外部，盖紧塑料小帽。用记号笔对样品进行标记(不得贴标签)。

2. 核磁共振波谱的测定：

将样品管小心插入旋转架(spinner)，利用高度测定器(depth gauge)调至标准高度。然后，利用空气气流将样品管放入磁场。调节旋转频率，执行锁定程序，优化磁场的均匀性。

将波谱仪调至直角相位调制模式，用于 ^{1}H 核的观测。启动 ^{1}H 测量程序，执行下属命令：零记忆，设置弛豫延迟，激发脉冲，执行测量，获取数据。

3. 测量时参数设置(acquisition parameters of dataset)见表 6.2。

表 6.2　参数设置

Experiment	Width	Receiver	Nucleus1	Nucleus2
PULPROG = zg30	SW[ppm] = 20.5671	RG = 128	NUCI = 1H	NUC2 = off
TD = 65536	SWH[Hz] = 6172.839	DW[μs] = 81.000	O1[Hz] = 1853.00	O2[Hz] = 1853.00
NS = 16	AQ[S] = 5.3084660	DE[μs] = 6.00	O1p[ppm] = 6.714	O2[ppm] = 6.174
DS = 4			SFO1[MHz] = 300.1318530	
			BF1[MHz] = 300.1300000	

五、结果处理

1. 打印 0～10ppm 范围内所有的谱带信号。图中应标明谱带及分裂后的峰位置。

2. 处理出复杂耦合的扩展谱图，归属谱带。

3. 分析耦合关系，计算耦合常数。

六、思考题

1. 列举选取四甲基硅烷(TMS)为参比物质的优点。

2. 将样品管放入旋转架(spinner)和核磁共振仪时分别应注意什么？

3. 与两个甲基相比，为何两个烯基氢的积分信号较小？

附注：

Pulse Program：zg30 是用于 30° 激发脉冲的标准程序。从理论上分析，实验应采取 90° 脉冲来激发核磁共振信号。但它虽然给出最大的信号强度，同样会使脉冲之间的样品弛豫的间隔极大化。因此，通常应用较短的 30° 脉冲在全过程的数据累加同样增加灵敏度。

TD：一般为 64k；TD(the time domain) Data Size 是自由感应衰减(FID, free induction decay)抽取和存储点的数目，它是按照期望的 FID 数据分辨率来选择的。

NS：16；NS（number of scans）称为扫描数，也即是单个 FID 的数目，可根据实际情况而定。选择合适的 NS 数是为了得到一张具有适当信噪比（signal – tonoise ratio）的光谱。

SW：一般为 20ppm。SW（the spectral width）是带宽。选择此宽度是为了让所有类型的质子共振信号都能被显示在光谱的显示窗口中。同时选择适合于此谱宽的软件过滤噪音。SW 和 TD 的设定决定了进行一次扫描所需时间 aq（acquisition time）。

aq = TD/（2 * SW * SFO1），本仪器设置的 aq 值约 5.03s。

RG（the receiver gain）：称为接受器增益。这是一个十分重要的参数，被用来匹配 FID 放大倍数和数字转换器的动态范围。

O1：频道 1 发射器频率补偿。表示核磁共振谱中心的射频脉冲频率补偿。在直角相位调制模式下，该频率处于带宽中心。

实验 3　氢核磁共振谱法 定量测定乙酰乙酸乙酯互变异构体

一、实验目的

1. 学习利用 NMR 进行定量分析的方法。
2. 进一步熟悉核磁共振波谱仪的操作和谱图解析。

二、实验原理

乙酰乙酸乙酯有酮式和醇式两种互变异构体，如下：

$$CH_3-\overset{O}{\overset{\|}{C}}-CH_3-\overset{O}{\overset{\|}{C}}OCH_2CH_3 \rightleftharpoons CH_3-\overset{OH}{\overset{|}{C}}=CH-\overset{O}{\overset{\|}{C}}OCH_2CH_3$$

一般情况下两者共存，但温度、溶剂等条件不同的体系中两种互变异构体的相对比例有很大差别。表 6.3 是在不同溶剂中乙酰乙酸乙酯的烯醇式的含量。

表 6.3　在不同溶剂中乙酰乙酸乙酯的烯醇式的含量

溶　剂	烯醇式含量/%	溶　剂	烯醇式含量/%
水	0.4	乙酸乙酯	12.9
50% 乙醇	0.25	苯	16.2
乙醇	10.52	乙醚	27.1
戊醇	15.33	二硫化碳	32.4
氯仿	8.2	己烷	46.4

由表可见，当溶剂为水时，体积中几乎不含烯醇式。这是因为水分子中的 OH 基团能与酮式中的碳氧双键形成氢键，使其稳定性大大增加，平衡向左移动。在非极性溶剂中，烯醇式因能形成分子内氢键而稳定，相对含量较高。

由于乙酰乙酸乙酯的酮式和烯醇式的结构不同，它们的紫外、红外吸收光谱和核磁共振波谱均有差异，因此可用波谱方法测定它们。

乙酰乙酸乙酯的酮式和烯醇式的结构中部分 H 的化学环境完全不同，因此相应的 H 的化学位移也不同，表 6.4 是酮式和烯醇式中对应的 H 的化学位移。

表 6.4　乙酰乙酸乙酯 NMR 中各种 H 的化学位移

峰　　号	a(δ)	b(δ)	c(δ)	d(δ)	e(δ)
酮式	1.3	4.2	3.3	2.2	12.2
烯醇式	1.3	4.2	4.9	2.0	12.2

若分别选择代表酮式和烯醇式的 H，利用它们的积分曲线高度比（即峰面积比）还可以计算出一个确定体系的两种互变异构体的相对含量。例如，选择 c 氢的面积来定量。酮式中的 c 氢的化学位移 $\delta_c = 3.3$，氢核的个数为 2，烯醇式中的 $\delta_c = 4.9$，氢核的个数为 1，则：

$$烯醇式百分数 = (A_{4.9}/1)/(A_{3.3}/2 + A_{4.9}/1) \times 100\%$$

式中，$A_{3.3}$ 和 $A_{4.9}$ 分别表示化学位移 3.3 和 4.9 处的积分曲线高度。

这种方法还可以用于二元或多元组分的定量分析，方法的关键是要找到分开的代表各个组分的吸收峰，并准确测量它们的积分曲线高度比。

三、仪器与试剂

1. 核磁共振波谱仪。

2. 乙酰乙酸乙酯样品、去离子水、正己烷（分析纯）；分别由四氯化碳和重水为溶剂配制好的乙酰乙酸乙酯样品（核磁共振测定用 Φ5mm），混合标样管等。

四、实验内容与步骤

参照实验 1 的操作步骤，设定扫描范围为 0 ~ 1200Hz，依次测定四氯化碳和重水为溶剂的两个乙酰乙酸乙酯样品。需绘制核磁共振峰的曲线和积分曲线。

五、数据记录及结果分析

1. 根据化学位移、峰裂分情况对所测得的核磁共振氢谱中的各种吸收峰进行归属，按酮式和烯醇式分别进行。

2. 分别测量酮式和烯醇式各峰的积分曲线高度，并转换成整数比，与理论值进行比较，讨论其误差情况。

3. 按式（6-5）计算烯醇式含量。

实验数据记录见表 6.5。

表 6.5　NMR 实验记录数据表

峰序号	δ	δ/Hz	归　属	峰积分高度/cm	相　对　数

六、思考题

1. 测定乙酰乙酸乙酯的 ^{1}H NMR 时，为什么要将扫描范围设定为 0~1200Hz？

2. 试比较用四氯化碳和重水为溶剂测得的两张核磁共振谱图，指出它们的差别，并说明原因。

3. 根据核磁共振定量分析的原理，自己设计一个定量分析乙酰乙酸乙酯中烯醇式含量的方法（列出计算式）。

附录：核磁共振波谱仪简介

1. 仪器原理及组成：

仪器外观及组成示意图见图6.1、图6.2。

图 6.1　Avance500MHz 核磁共振波谱仪

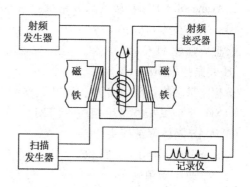

图 6.2　NMR 仪器组成示意图

（1）磁铁　可以是永久磁铁，也可以是电磁铁，前者稳定性好。磁场要求在足够大的范围内十分均匀。当磁场强度为 1.409T 时，其不均匀性应小于六千万分之一。这个要求很高，即使细心加工也极难达到。因此在磁铁上备有特殊的绕组，以抵消磁场的不均匀性。磁铁上还备有扫描线圈，可以连续改变磁场强度的百万分之十几。可在射频振荡器的频率固定时，改变磁场强度，进行扫描。

由永久磁铁和电磁铁获得的磁场一般不能超过 2.4T，这相应于氢核的共振频率为 100MHz。对于 200MHz 以上高频谱仪采用超导磁体。由含铌合金丝缠绕的超导线圈完全浸泡在液氦中间，对超导线圈缓慢地通入电流，当超导线圈中的电流达到额定值（即产生额定的磁场强度时），使线圈的两接头闭合。只要液氦始终浸泡线圈，含铌合金在此温度下的超导性则使电流一直维持下去。使用超导磁体，可获得 10~17.5T 的磁场，其相应的氢核共振频率为 400~750MHz。

（2）射频振荡器　射频振荡器就是用于产生射频，NMR 仪通常采用恒温下石英晶体振荡器。射频振荡器的线圈垂直于磁场，产生与磁场强度相适应的射频振荡。一般情况下，射频频率是固定的，振荡器发生 60MHz（对于 1.409T 磁场）或 100MHz（对于 2.350T 磁场）的电磁波只对氢核进行核磁共振测定。要测定其他的核，如 ^{19}F、^{13}C、^{11}B，则要用其他频率的振荡器。

（3）射频接收器　射频接收器线圈在试样管的周围，并与振荡器线圈和扫描线圈相垂直。当射频振荡器发生的频率 ν_0 与磁场强度 B_0 达到前述特定组合时，放置在磁场和射频线圈中间的试样就要发生共振而吸收能量，这个能量的吸收情况为射频接收器所检出，通过放大后记录下来。所以核磁共振波谱仪测量的是共振吸收。

（4）探头　样品探头是一种用来使样品管保持在磁场中某一固定位置的器件，探头中不仅包含样品管，而且包括扫描线圈和接收线圈，以保证测量条件一致。为了避免扫描线圈与接收线圈相互干扰，两线圈垂直放置并采取措施防止磁场的干扰。

仪器中还备有积分仪，能自动画出积分曲线，以指出各组共振峰的面积。

NMR 仪工作过程，将样品管（内装待测的样品溶液）放置在磁铁两极间的狭缝中，并以一定的速度（如 $50\sim60$r/s）旋转，使样品受到均匀的磁场强度作用。射频振荡器的线圈在样品管外，向样品发射固定频率（如 100MHz、200MHz）的电磁波。安装在探头中的射频接收线圈探测核磁共振时的吸收信号。由扫描发生器线圈连续改变磁场强度，由低场至高场扫描。在扫描过程中，样品中不同化学环境的同类磁核，相继满足共振条件，产生共振吸收，接受器和记录系统就会把吸收信号经放大并记录成核磁共振图谱。

2. Avance500MHz 核磁共振波谱仪：

（1）主要技术指标：

磁感应强度 11.7T

^{1}H 共振频率 500MHz。

正相宽带多核探头（BBO），三共振检测探头

（TXO），三共振宽带反相探头（TXI）

CP/MAS 固体宽带探头

变温范围为 $-150\sim+250$℃

（2）主要应用领域：

有机化合物、生物蛋白质分子的结构确证、鉴定或结构、空间的构型分析等。

（3）操作规程：

① 样品制备：取适量的样品用合适的氘代溶剂溶于 5mm 样品管中。

② 进样：用镜头纸将样品管外壁擦干净，套上转子，用定深量桶定好样品管高度，使用软件 topshim 命令的 lift on‐off 吹气，将样品管放入探头。

③ 锁场：使用 lock 命令，选择相应的氘代溶剂进行锁场。

④ 匀场：使用 gradshim 进行梯度匀场，或使用 topshim 命令进行匀场。

⑤ 建立文件：使用 edc 命令（或在 file 下拉菜单中点击 new）新建文件，最好先调用一个合适的实验参考文件在其基础上建立新文件。

⑥ 设定采样参数：通过 eda 和 ased 命令设定合适的采样参数，或在 acqupars 菜单中设定合适的参数。

⑦ 探头调谐和匹配：使用 atm 命令进行调谐匹配。

⑧ 自动计算增益：使用 rga 命令自动计算增益

⑨ 采样：使用 zg 命令采样。

⑩ 图谱处理：设置处理参数，fid 转换，相位校正，基线校正，积分，标峰，标题等。

⑪ 使用 edg 命令编辑绘图参数，使用 plot 命令打印谱图。

第7章 质谱分析

实验1 色质联用仪基本操作及谱库检索

一、实验目的

1. 了解 GC - MS 调整过程和性能测试方法。
2. 熟悉 GC - MS 联用仪测样分析条件的设置及谱库检索方法。

二、实验原理

质谱仪开机到正常工作需要一系列的调整，否则，不能进行正常工作。这些调整工作包括：

（1）抽真空　质谱仪在真空下工作，要达到必要的真空度需要由机械真空泵和扩散泵（或分子涡轮泵）抽真空。如果采用扩散泵，从开机到正常工作需要 2h 左右，若采用分子涡轮泵，则只需 2min 左右。如果仪器上装有真空仪表，真空指示要在 10^{-5}mbar(10^{-2}Pa)或更高的真空下才能正常工作。

（2）仪器校准　主要是对质谱仪的质量指示进行校准，一般四极杆质谱仪使用全氟三丁胺（FC - 43）作为校准气。用 FC - 43 的 m/z 69，131，219，414，502 等几个质量对质谱仪的质量指示进行校正，这项工作可由仪器自动完成。

（3）GC - MS 分析条件的选择　（设置质谱仪工作参数：主要是设置质量范围、扫描速度、灯丝电流、电子能量、倍增器电压等）GC - MS 分析条件要根据样品进行选择，在分析样品之前应尽量了解样品的情况。比如样品组分的多少、沸点范围、相对分子质量范围、化合物类型等。这些是选择分析条件的基础。一般情况下样品组成简单，可以使用填充柱；样品组成复杂，则一定要使用毛细管柱。根据样品类型选择不同的色谱柱固定相，如极性、非极性和弱极性等。汽化温度一般要高于样品中最高沸点 20~30℃。柱温要根据样品情况设定。低温下，低沸点组分出峰；高温下，高沸点组分出峰。选择合适的升温速度，使各组分都实现很好的分离。有关 GC - MS 分析中的色谱条件与普通的气相色谱条件相同。质谱条件的选择包括扫描范围、扫描速度、灯丝电流、电子能量、倍增器电压等。扫描范围就是可以通过分析器的离子的质荷比范围，该值的设定取决于欲分析化合物的相对分子质量，应该使化合物所有的离子都出现在设定的扫描范围之内，例如化合物最大相对分子质量为 350 左右，则扫描范围上限可设到 400 或 450，扫描下限一般从 15 开始，有时为了去掉水、氮、氧的干扰，也可以从 33 开始扫描。扫描速度视色谱峰宽而定，一个色谱峰出峰时间内最好能有 7~8 次质谱扫描，这样得到的重建离子流色谱图比较圆滑，一般扫描速度可设在 0.5~2s 扫描一个完整质谱即可。灯丝电流一般设置在 150~250mA。灯丝电流小，仪器灵敏度太低，电流太大，则会降低灯的寿命。电子能量一般为 70eV，标准质谱图都是在 70eV 下得到的。改变电子能量会影响质谱中各种离子间的相对强度。如果质谱中没有分子离子峰或分子离子峰很弱，为了得到分子离子，可以降低电子能量到 15eV 左右。此时分子离子峰的强度会增强，但仪器灵敏度会大大降低，而且得到的不再是标准质谱。倍增器电压与灵敏度有直接关系。在仪器灵敏度能够满足要求的情况下，应使用较低的倍增器电压，以保护倍增器，延长其使用寿命。同样，需要设置合适的 GC 操作条件。

在上述操作完成之后，GC－MS 即进入正常工作状态，此时可以进行仪器灵敏度和分辨率测试。

三、仪器与样品

仪器：Trace2000 GC－MS（或其他型号仪器）。

样品：校准用标准样品 FC－43，灵敏度和分辨率测试用六氯苯或八氟萘。

四、实验内容与步骤

1. 仪器调校：

（1）开机　打开机械泵，打开扩散泵（或分子涡轮泵），设置质谱仪工作参数（扫描范围、扫描速度、灯丝电流、电子能量、倍增器等）。

（2）质量校准　进样校准气，采集数据，校准质量。

（3）测定灵敏度　通过 GC 进六氯苯 lpg，在一定的质谱条件下（EI 方式 70eV 电子能量，0.25mA 电流等），采集标样质谱，用 m/z 282 做质量色谱图，测定质量色谱的信噪比。如果信噪比值小于 10，要增加样品的用量。达到一定信噪比的进样量，为该仪器的灵敏度。

（4）测定分辨率　进标准样品，显示质量 219，测定 219 峰的半峰宽 dM，计算 R 值，如果仪器指为 $R=2M$，则在 219 处测定 R 值，R 应大于 438。

2. 谱库检索：

打开谱库，分别输入正己烷，环己烷，异丁烷，丁烯，苯，甲苯，乙苯，间甲基－正丙基苯，正丁基苯，氯苯，溴甲烷，溴苯，甲醇，1－十六醇，丙苯醇，苯酚，乙醚，苯甲醚，甲醛，丙酮，苯甲酸，乙酸乙酯，苯甲酸乙酯，正丙胺，对硝基苯，乙腈等，调出质谱图，找出谱图特征，分析裂解机理。

注意事项：

（1）注意开机顺序，严格按操作手册规定的顺序进行。真空达到规定值后才可以进行仪器调整。

（2）仪器调整完毕后应尽快停止 F－43 进样，立刻关闭灯丝电流和倍增器电压，以延长二者寿命。

（3）所谓灵敏度是对一定样品和一定实验条件而言的，改变条件，灵敏度会变化。

（4）谱库检索须输入化合物英文名称。

五、数据处理

上机操作一：

谱库检索：打开谱库，调出质谱图，查找下列化合物谱图特征，分析裂解机理。

名 称	英 文	分子式	结 构 式	基峰 m/z	分子离子峰 m/z
正己烷	hexane	C_6H_{14}		57	86
正三十二烷	dotriacontane	$C_{32}H_{66}$		57	450
环己烷	cyclohexane	C_6H_{12}		56	84
异丁烷	isobutane	C_4H_{10}		43	58
异丁苯	isobutylbenzene	$C_{10}H_{14}$		91	134
1-丁烯	1-butene	C_4H_8		41	56
苯	benzene	C_6H_6		51	78
甲苯	toluene	C_7H_8		65	91
乙苯	ethylbenzene	C_8H_{10}		91	106
乙醇	ethanol	C_2H_6O		31	45
乙酸乙酯					
苯甲酸乙酯					
丙胺酸	alanine	$C_3H_7NO_2$		44	89
硝基苯	nitrobenzene	$C_6H_5NO_2$		77	123
乙腈					
间甲基-正丙基苯					
正丁基苯					
氯苯					
溴苯					

上机操作二：定性分析谱图填入下表

RT	名称	分子式	结构式	相对分子质量	匹配	可信度
25.23	hexadecanoic acid methylester	$C_{17}H_{34}O_2$		270	804	42.9P
25.23	pentadecanoic acid 14-methylester	$C_{17}H_{34}O_2$		270	778	12.8P
25.23	tetradecanoic acid 12-methylester	$C_{16}H_{36}O_2$		256	774	10.9P
25.23	hexadecanoic acid methylester	$C_{17}H_{34}O_2$		270	772	42.9P
25.23	octadecanoic acid 17-methylester	$C_{20}H_{40}O_2$		3121	745	3.07P
25.23	nonadecanoic acid methylester	$C_{20}H_{40}O_2$		312	742	2.71P
25.23	heneicosanoic acid methylester	$C_{22}H_{44}O_2$		340	734	2.02P
25.23	9-octadecenoic acid 12-(actyloxy)-	$C_{21}H_{38}O_4$		357	730	1.71P
25.23	heptacosanoic acid methylester	$C_{28}H_{56}O_2$		424	727	1.51P
25.23	hexadecanoic acid 15-methyl-, methylester	$C_{18}H_{36}O_2$		285	726	1.45P

上机操作三：定量分析谱图并填写下表

RT	峰面积	含量/%	名称	结构式	相对分子质量	说明

上机操作四：设置列表中某一样品分析方法

样品中可能组分	苯 甲苯 正己烷 环己烷 乙醇
选用毛细管柱型号	
相对分子质量范围	
所用溶剂	
样品沸点范围	
柱室升温程序	80 ~ 120℃　　5/min
汽化室温度	150℃
接口温度	150℃
离子源及离子源温度	150℃
载气及载气流量	1.5μL
分流比	1:50

六、思考题

1. 质谱仪为什么要在真空下工作，如果真空不好就开始工作，可能会造成什么影响？
2. 为什么要进行质量校准？如何进行校准？
3. 哪些因素会影响质谱仪的灵敏度？
4. 什么是质谱仪的分辨率，如何测定质谱仪的分辨率？
5. 总结色谱质谱仪操作中的注意事项？

实验 2　GC – MS 定性分析有机混合物

一、实验目的

1. 了解 GC – MS 分析的一般过程和主要操作；
2. 了解 GC – MS 分析条件的设置；
3. 了解 GC – MS 数据处理方法。

二、实验原理

混合物样品经 GC 分离成一个一个单一组分，并进入离子源，在离子源样品分子被电离成离子，离子经过质量分析器之后即按 m/z 顺序排列成谱。经检测器检测后得到质谱，计算机采集并储存质谱，经过适当处理即可得到样品的色谱图、质谱图等。经计算机检索后可得到化合物的定性结果，由色谱图可以进行各组分的定量分析。

三、仪器与样品

1. 仪器：Trace2000 GC – MS(或其他型号仪器)。
2. 样品：混合有机样品。

四、实验步骤与内容

1. 样品制备：进行 GC – MS 分析的样品应该是在 GC 工作温度下（例如300℃）能汽化的样品。样品中应避免大量水的存在，浓度应该与仪器灵敏度相匹配。对于不满足要求的样品要进行预处理。经常采用的样品处理方式有萃取、浓缩、衍生化等。

2. 分析条件的设置：根据仪器操作说明和样品情况，设置 GC 条件（汽化温度、升温程序、载气流量等）和 MS 条件（扫描速度、电子能量、灯丝电流、倍增器电压、扫描范围等），然后用微量注射器进样并开始采集数据。

五、数据处理

1. 采集数据结束之后，色谱降温，关闭质谱仪灯丝、倍增器等。然后进行数据处理。显示并打印总离子色谱图，显示并打印每个组分的质谱图。

2. 对每个未知谱进行计算机检索，并记录检索结果。

注意事项：

（1）注意开机顺序，严格按操作手册规定的顺序进行。真空达到规定值后才可以进行仪器调整。

（2）仪器调整完毕后应尽快停止 F – 43 进样，立刻关闭灯丝电流和倍增器电压，以延长二者寿命。

（3）所谓灵敏度是对一定样品和一定实验条件而言的，改变条件，灵敏度会变化。

（4）谱库检索须输入化合物英文名称。

六、思考题

1. 在进行 GC – MS 分析时需要设置合适的分析条件。假如条件设置不合适可能会产生什么结果？比如色谱柱温度不合适会怎么样？扫描范围过大或过小会怎么样？

2. 总离子色谱图是怎么得到的？质量色谱图是怎么得到的？

3. 如果把电子能量由 70eV 变成 20eV，质谱图可能会发生什么变化？

4. 进样量过大或过小可能对质谱产生什么影响？

5. 拿到一张质谱图如何判断相对分子质量？如果没有相对分子质量，还有什么办法得到相对分子质量？

6. 为了得到一张好的质谱图通常要扣除本底，本底是怎么形成的？如何正确地扣除本底？

实验3 天然产物中挥发油成分分析（GC – MS）

一、实验目的

1. 了解天然产物中挥发油的组分及水蒸气蒸馏提取方法。

2. 学习用气 – 质联用仪分析天然产物中挥发油成分的方法。

3. 根据所学知识进行谱图解析，剖析所分析物质的结构组成。

二、实验原理

天然产物中的挥发油混合物经过气相色谱被分离成不同组分，分别进入质谱，经过离子源每一组分样品分子被电离成不同质荷比离子，这些离子经过质量分析器即按质荷比大小顺序排成谱，检测器检测后得到质谱，经过计算机采集并储存，再经过适当处理即可得到样品的色谱图、质谱图，计算机检索后可得到每个组分的鉴定结果。

三、仪器与样品

1. 仪器：气 – 质联用仪(HP6890/5973)、HP – 5 毛细管、微量注射器。
2. 试剂：高纯氦气(He)，天然产物挥发油，二氯甲烷，正己烷等。

四、实验内容

1. 仪器条件：HP – 5 石英毛细管色谱柱 $30m \times 0.25mm \times 0.25mm$；离子源 EI；离子源温度230℃；电离能量70eV；四极杆质量分析器温度150℃。
2. 样品制备：水蒸气蒸馏提取天然产物(橙皮、槟榔、花椒、丁香花等)挥发油成分，经过溶剂萃取，水分干燥及浓缩等纯化步骤得到样品。
3. 分析条件的设置：根据天然产物中挥发油特点设置分析条件。包括气相色谱条件、接口条件、质谱条件、报告形式。
 (1) 气相色谱条件：进样方式、进样口(汽化室)参数、色谱柱参数、柱温箱升温程序等。
 (2) 质谱条件：溶剂延迟时间、扫描范围、扫描速度等。
4. 进样分析：将挥发油样品通过进样器(微量注射器或自动进样器)进样分析并开始采集数据。

五、数据处理

采集数据结束后，气相色谱和质谱自动恢复到初始设定状态，然后进行数据处理。调用采集的总离子色谱图，处理后得到每个组分的质谱图，对每个未知物质谱图计算机检索，得到样品的鉴定结果。

六、思考题

1. 拿到一张质谱图如何判断相对分子质量？
2. 根据柠檬烯的质谱图解释不同质荷比的离子是怎样形成的？

实验4 GC – MS 法测定
城市大气中汽车尾气的有机污染物

一、实验目的

1. 掌握大气中污染物的吸附采样方法。
2. 学习样品的前处理方法和保存方法。
3. 通过用 GC – MS 法对大气中有机污染物的测定，掌握仪器的原理及仪器方法。

二、实验原理

实验使用活性炭吸附管采样，富集大气中的有机污染物，经 CS₂ 洗脱后，用色谱－质谱（GC－MS）分析鉴定，通过比较交通要道和清洁地区的大气中有机污染物的差异，确定城市空气因汽车排放的挥发性有机污染物的类型。

大气中有机污染物含量极低，因此测定前须对大气被测组分进行浓缩处理。实验使用活性炭吸附管，如图 7.1。

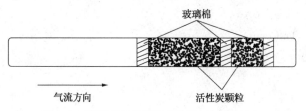

图 7.1　活性炭采样管（玻璃管，两端封闭）

用大气采样机抽取大气。使大气中的有机污染物被活性炭吸附而富集，再用 CS₂ 作为洗脱剂，制备成试样溶液。

试样溶液经气相色谱柱分离后，通过接口，逐一进入质谱仪检测。质谱仪主要由离子源、质量分析器以及检测与数据处理系统组成。质谱仪的离子源，使进入的组分分子生成分子离子或各具质量特征的碎片离子，这些带正电荷的离子，由于其质荷比（m/z）的不同，在质量分析器中被分离，逐一被电子倍增器收集记录，获得质谱图。通过解析谱图，可获得该组分的相对分子质量和结构信息。

色谱图的色谱峰表示有机污染物的各个组分，通过每个组分的质谱图，可以从质谱数据、有机化合物的断裂规律以及标准质谱图，定出化合物结构。现代 GC－MS 仪器中都带有谱库，按一定程序要求可将实验测得的质谱图与谱库内的标准谱进行比较，计算两者间相似指数，最后列出最佳匹配的标准图谱、分子式、相对分子质量等信息。

三、仪器与试剂

1. 仪器：GS－3 型交直流两用大气采样机；3TG－1 型活性炭采样管；6890/5973 气相色谱－质谱仪；带刻度磨口塞试管 10mL；注射器 10μL。

2. 试剂：CS₂；He；N₂；H₂；空气钢瓶。

四、实验步骤

1. 样品的采集与前处理：

（1）将大气采样机架于离地面 1～1.5m 高度，按 GS－3 型采样机说明操作，使仪器处于待用状态。

（2）将活性炭采样管用砂轮隔开封闭两端（注意保护手和眼睛，谨防玻璃屑划伤），将活性炭量少的一端与采样机的入口橡胶管相连，固定在采样器架上。

（3）开启采样机，调节转子流量计至 1000mL/min，采样 1.5h。

（4）采样完毕，将活性碳管取下，两端用橡皮塞封住，立即送实验室解析，或在低温环境下保存待用。大气采样机各部件恢复原始状态。

（5）记录采样时的环境条件，包括采样点的气温、大气压、气候特征及车流量等。

（6）割开采样管，将活性炭转移至磨口试管中，迅速盖上玻璃塞，震荡数分钟后放置，30min 后用 GC - MS 进行分析。如果不能及时分析，则将解析样品转移至安瓿瓶中封口待用。

2. 色谱 - 质谱测定：

（1）工作参数：

色谱柱　HP - 5MS 30m × 250μm × 0.25μm；

起始温度　30℃恒温 10min，终止温度　240℃恒温 10min；

进样温度　240℃，检测器温度　250℃；

升温速率　15℃/min；

载气（He）流量　1mL/min；

进样分流比　10：1；

质谱电离电压　70eV；

联机检索　工作站。

（2）开启 GC - MS 仪器，按计算机引导设定工作参数，详见操作说明书。待仪器达到稳定的使用状态后，取 1.5μL 解吸溶液进样。

（3）配制 1μg/mL 的甲苯 CS_2 溶液，进样 1.5μL，利用其面积值近似计算样品中甲苯及其他组分的浓度，进一步推算在空气中的浓度（mg/m^3）。

3. 谱图解析：

阅读 HP 化学工作站说明书。工作站提供多种质谱标准图谱，其中 NIST 库含有约 8 万张高质量的化合物图谱，Willey 库有约 28 万张化合物标准图谱。分析结果采用 NIST 或 Willey 库进行质谱检索以确定可能的化合物。

五、数据处理

1. 记录采样时的基本数据：采样点名称、采样高度、采样时温度、采样时大气压、天气状况、采样点交通流量、采样点具体位置。

2. 记录甲苯标准溶液色谱图及 GC - MS 联用谱图数据。

3. 记录采样点大气样品的色谱图及 GC - MS 联用谱图数据。

4. 对不同采样点的 GC - MS 数据与国家大气污染允许标准进行对照，讨论。

六、思考题

1. 为了使进入 GC - MS 时的试样溶液能真正反映采样大气的实际情况，实验中采用了哪些措施？

2. 为了证实交通道口的有机污染主要来自汽车排放，还可以怎样设计实验？

附录：质谱计简介

1. GC - MS 的基本构成与工作原理：

图 7.2 所示 GC - MS 由气相色谱仪 - 接口 - 质谱仪组成。图 7.3 是 GCMS - QP2010 Plus 实物图。图 7.4 是工作原理示意图。气相色谱仪分离样品中的各组分，起到样品制备的作用，接口把气相色谱仪分离出的各组分送入质谱仪进行检测，起到气相色谱和质谱之间的适配器作用，质谱仪对接口引入的各组分依次进行分析，成为气相色谱仪的检测器。计算机系统交互式

地控制气相色谱、接口和质谱仪，进行数据的采集和处理，是 GCMS 的中心控制单元。

与气相色谱联用的质谱仪类型多种多样，主要体现在分析器的不同，有四级杆质谱仪、磁质谱仪、离子阱质谱仪及飞行时间质谱仪等。

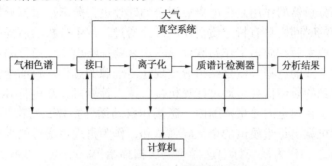

图 7.2　GCMS 联用仪器系统示意图

图 7.3　GCMS – QP2010 Plus 实物图

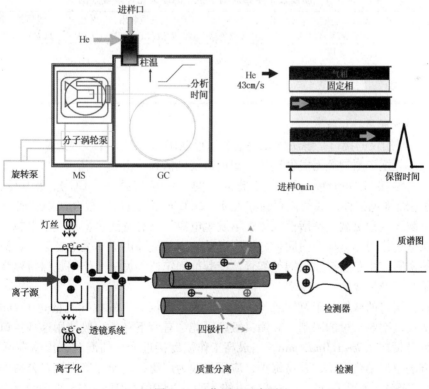

图 7.4　工作原理示意图

125

样品中气体状态的分子进入质谱仪的离子源之后，被电离为带电离子，还会有一部分载气进入离子源（GC-MS 操作中常用氦气作载气）。这部分载气和质谱仪内残余气体分子一起被电离为离子并构成本底。样品离子和本底离子一起被离子源的加速电压加速，射向质谱仪的分析器中，质谱分析器的作用是将电离后混合的碎片进行分离，根据分析器上所加载的电压的不同，在特定的时间内只有特定质荷比的碎片通过，位于分析器后部的高能打拿极和倍增器将信号转换和放大后在质谱工作站软件显示出来就描绘出了该组分的色谱峰。总离子色谱峰由底到峰顶再下降的过程，就是某组分出现在离子源的过程。目前绝大多数质谱仪都与数据系统连接，得到的质谱信号可通过计算机接口输入计算机。在进行 GC-MS 操作时，从进样起，质谱仪开始在预定的质量范围内，磁场作自动循环扫描，每次扫描给出一组质谱，存入计算机，计算机算出每组质谱的全部峰强总和，作为再现色谱峰的纵坐标。每次扫描的起始时间 t_1、t_2、t_3、…作为横坐标。这样每一次扫描给出一个点，这些点连线给出一个再现的色谱峰。它和总离子色谱峰相似。数据系统可给出再现色谱峰峰顶所对应的时间，即保留时间。再现的色谱峰可以计算峰面积进行定量分析。利用再现的色谱峰，可任意调出色谱上任何一点所对应的一组质谱。

2. 质谱检测：

当质谱检测是通过执行碎片谱法时，分子离子可能是更适宜测量的定性离子之一（分子离子、分子离子的特征加合物、特征碎片离子、同位素离子）。选择的定性离子不要起源于相同的分子基团。每一定性离子的信噪比（S/N）应大于 3。

全扫描和选择离子检测：校准物质、校准物质溶液或吸取的样品溶液中检测的高于要求的离子，其相对丰度用最强的离子或透过率的百分数表示；在可比较的浓度和相同的条件下测定，离子强度应符合表 7.1 所示的限度。

表 7.1　质谱技术中相对离子强度的最大允许限量范围

相对峰度 （基线峰的 %）	电子轰击离子化—气质联用 （EI-GCMS）（RSD）	化学离子化—气质联用、气相色谱—多级质谱、液质、 液相色谱—多级质谱（CI-GCMS、GCMS^n、LCMS、LCMS^n）（RSD）
>50%	±10%	±20%
>20%~50%	±15%	±25%
>10%~20%	±20%	±30%
≤10%	±50%	±50%

3. GC-MS 联用接口技术：

GC-MS 联用仪的接口是解决气相色谱和质谱联用的关键组件。理想的接口是能除去全部载气，但却能把待测物毫无损失地从气相色谱仪传输到质谱仪。

直接导入型接口（directcoupling）是最常用的一种接口技术。GC 选择内径在 0.25~0.32mm 的毛细管色谱柱，载气流量设定在 1~2mL/min，通过一根金属毛细管直接引入质谱仪的离子源。这种氦载气是惰性气体，不发生电离，只有待测物会形成带电粒子。待测物带电粒子在电场作用下，加速向质量分析器运动，而载气却由于不受电场影响，被真空泵抽走。接口的实际作用是支撑插入端毛细管，使其准确定位。另一个作用是保持温度，使色谱柱流出物始终不产生冷凝。

使用这种接口的载气限于氦气或氢气。当气相色谱仪出口的载气流量高于 2mL/min 时，由于受质谱仪真空泵流量的限制，检测灵敏度可能会有所下降。一般使用这种接口时，气相色谱仪的流量设在 0.7~1.0mL/min。当最高工作温度接近最高柱温时，传输率可达 100%。这种接口方法组件结构简单，容易维护，应用也较为广泛，例如，美国惠普公司的目前市售 HP5973GC-MSD、美国 Finnigan 质谱公司的 TSQ-7000GC-MS-MS 或 SSQ 系列的 GC-

MS 等均采用这种接口。

4. 仪器控制及数据处理：

以岛津公司的 GC－MS 仪器（图 7.5）为例。

（1）仪器技术规格：

离子化法：EI（标准配置），CI、NCI（选配件）

灯丝：双灯丝

离子源温度：100～300℃

质量范围：m/z 1.5～1090

质量分析器：带预置杆的高精度金属钼四极杆

SIM 方式：64 通道×128 组

分辨率：$R \geqslant 2M$（FWHM）

稳定性：±0.1u/48h（一定温度）

MS 接口：最高温度 350℃

图 7.5　GCMS 仪器实物图

真空排气系统主泵：双入口分子涡轮泵差动排气系统，真空抽速 >360L/s

柱流量：最大 15mL/min（He）

最大扫描速度：10000u/s

（2）实时分析窗口　实时分析窗口用于开启、关闭系统，进行系统配置、仪器调谐、设定方法参数、采集数据等。通过辅助栏可以快速、方便地进行这些操作。实时采集谱图显示区域显示当前正在采集的总离子流图和质谱图。仪器参数区域可以显示和设定自动进样器、GC 和质谱参数，见图 7.6。

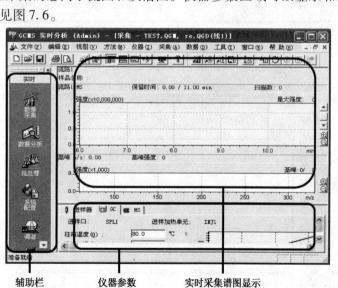

辅助栏　　　　仪器参数　　　实时采集谱图显示

图 7.6　实时分析窗口

（3）GC 参数设定界面（图 7.7）　设定与 GC 相关的参数。

（4）MS 参数设定界面（图 7.8）　设定与质谱相关的参数。

（5）GC－MS 再解析分析窗口（图 7.9）　GC－MS 再解析分析窗口用于对数据进行后处理，包括定性分析、定量分析所需的建立组分表和标准曲线，对未知样品进行定量计算以及制作相应的定性、定量报告等。

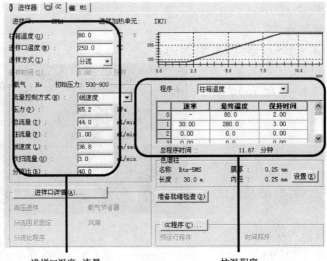

进样口温度、流量　　　　　　　　　　柱温程序

图 7.7　GC 参数设定界面

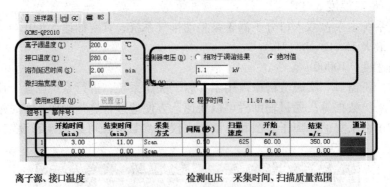

离子源、接口温度　　　　　检测电压　采集时间、扫描质量范围

图 7.8　MS 参数设定界面

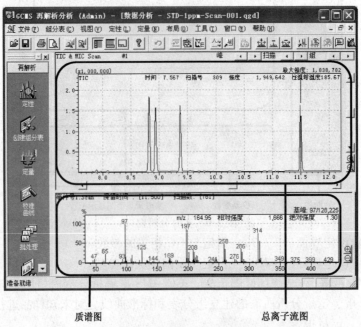

质谱图　　　　　　　　　　总离子流图

图 7.9　GCMS 再解析分析窗口

（6）定性检索（图7.10）　定性检索主要利用采集得到的某个组分的质谱图与标准质谱库如 NIST 谱库中的标准质谱图进行相似度检索，并以相似度从高到低的顺序排列在检索结果中。检索结果中选择不同的命中号可以显示相应组分的标准质谱图和该组分相关的信息，如 CAS 号、相对分子质量、组分名称和分子式等。

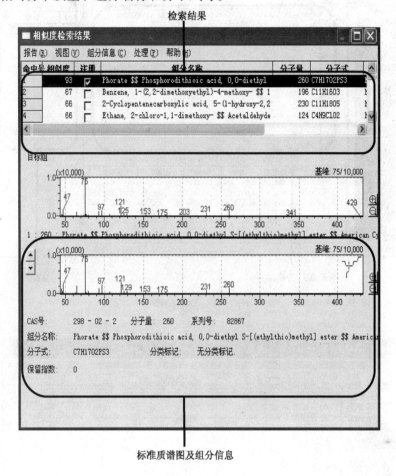

图 7.10　定性检索

（7）校准曲线（图7.11）　标准曲线代表某一组分的浓度与其响应面积的关系。在参数表中单击某一行，显示该行对应的组分的标准曲线、曲线方程和相关系数等。各个浓度有平行进样时，自动进行平均并计算相对标准偏差（RSD%）。

（8）定量（图7.12）　质量色谱图区域显示定量离子（包括定性离子）的质量色谱图、基线和积分标记。定量结果显示于结果表中。

5. 谱图检索：

（1）气相色谱–质谱联用的有关谱库　随着计算机技术的飞速发展，人们可以将在标准电离条件（电子轰击电离源，70eV 电子束轰击）下得到的大量已知纯化合物的标准质谱图存贮在计算机的磁盘里，做成已知化合物的标准质谱库，然后将在标准电离条件下得到的，已经被分离成纯化合物的未知化合物的质谱图与计算机内存的质谱库内的质谱图按一定的程序进行比较，将匹配度（相似度）高的一些化合物检出，并将这些化合物的名称、相对分子质量、分子式、结构式（有些没有）和匹配度（相似度）给出，这将对解析未知化合物，进行定性分析有很大帮助。下面列出了最为常见的质谱库。

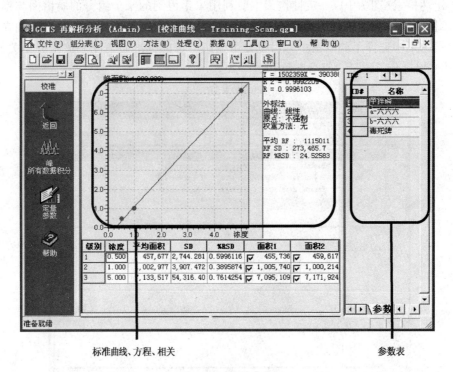

标准曲线、方程、相关　　　　　　　　　　　　　　　参数表

图 7.11　校准曲线

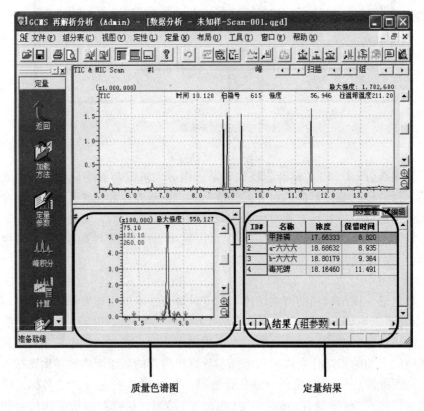

质量色谱图　　　　　　　　　　　定量结果

图 7.12　定量

130

① NIST 库：由美国国家科学技术研究所（National Institute of Science and Technology）出版，2008 版收录有 20 余万张的标准质谱图。在主谱库登录有 163198 张一般化合物的质谱，在副谱库中，对主谱库中的一部分化合物登录有 27627 张质谱。99% 以上的登录质谱中给出了结构式信息，对约 90% 的化合物给出了保留指数信息。

② NIST/EPA/NIH 库：是由美国国家科学技术研究所（NIST）、美国环保局（EPA）和美国国立卫生研究院（NIH）共同出版，最新版本收有的标准质谱图超过 129K 张，约有 107K 个化合物及 107K 个化合物的结构式。

③ Wiley 库：有 3 种版本。第六版本的 Wiley 库收有标准质谱图 230K 张，第六版本的 Wiley/NIST 库收有标准质谱图 275K 张；Wiley 选择库（Wiley Select Libraries）收有 90K 张标准质谱图。在 Wiley 库中同一个化合物可能有重复的不同来源的质谱图。2009 版收录有 338323 张一般化合物的质谱。

④ 农药库（Standard Pesticide Library）登录有以电子轰击法（EI 法）测定的 318 种农药和以负化学电离法（NCI 法）测定的 173 种农药的质谱图。通过同时使用 EI 法与 NCI 法的质谱，可以对化合物进行高可靠性的定性分析。并且本谱库附有食品、自来水中农残分析的标准方法。

⑤ 药物库（Pfleger Drug Library）：内有 4370 个化合物的标准质谱图，其中包括许多药物、杀虫剂、环境污染物及其代谢产物和它们的衍生化产物的标准质谱图。

⑥ 挥发油库（Essential Oil Library）：内有挥发油的标准质谱图。

在这 6 个质谱谱库中，前 3 个是通用质谱谱库，一般的 GC – MS 联用仪上配有其中的 1 个或 2 个谱库。目前使用最广泛的是 NIST/EPA/NIH 库。后 3 个是专用质谱谱库，根据工作的需要可以选择使用。

（2）NIST/EPA/NIH 库及检索　现在，几乎所有的 GC – MS 联用仪上都配有 NIST/EPA/NIH 库，各仪器公司所配用的 NIST/EPA/NIH 库所含有的标准质谱图的数目可能有所不同，这可能是与各仪器公司选择的谱库版本不同，配置也有所不同所致。如 1992 年版本的 NIST/EPA/NIH 库收有 62235 个化合物的标准质谱图，而 NIST/EPA/NIH 库选择复制库（selected replicates library）还有 12592 张标准质谱图可以选择安装。还有 14 个不同定位（custom）的使用者库（user library）可与 NIST/EPA/NIH 库结合使用。质谱工作者还可将自己实验中得到的标准质谱图及数据用文本文件（text files）存在使用者库（user library）中，或者自己建立使用者库（user library）。这些都使不同仪器公司提供的 NIST/EPA/NIH 库所含有的标准质谱图的数目有所不同。

NIST/EPA/NIH 库的检索方式有两种：一种是在线检索，一种是离线检索。

在线检索是将 GC – MS 分析时得到的、已经扣除本底的质谱图，按选定的检索谱库和预先设定的库检索参数（library search parameters）、库检索过滤器（library search filters）与谱库中存有的质谱图进行比对，将得到的匹配度（相似度）最高的 20 个质谱图的有关数据（化合物的名称、相对分子质量、分子式、可能的结构、匹配度等等）列出来，供被检索的质谱图定性作参考。

离线检索是在得到一张质谱图后，根据这张质谱图的有关信息，从质谱谱库中调出有关的质谱图与其进行比较。通过比较，可对该质谱图作出定性分析。离线检索的检索方式有以下几种：

① ID 号检索：ID（identity）号是 NIST/EPA/NIH 库给每一个化合物规定识别号，即该化

合物在库中的顺序号。只要直接输入该化合物的 ID 号(如果已知)，就可以将此化合物的标准质谱图调出进行比较。

② CAS 登记号检索：CAS(chemical abstract service)登记号是每个化合物在化学文摘服务处登记的号码。如已知该化合物的 CAS 登记号，就可以用 CAS 登记号检索。只要输入 CAS 登记号，就可以将此化合物的标准质谱图调出进行比较。

③ NIST 库名称检索：如果知道该化合物在 NIST 库中的名称，就可以用此名称进行检索。

④ 使用者库(User Library)名称检索：按该化合物在使用者库中的准确名称进行检索。

⑤ 分子式检索：给出化合物的特定分子式就可以用分子式检索。将这一分子式输入后，可以给出库中符合这一分子式的全部化合物的标准质谱图。

⑥ 分子量检索：将分子量输入后，就可以给出库中符合这一分子量全部化合物的标准质谱图。

⑦ 峰检索：将得到的质谱数据按峰的质量数(m/z)和相对强度(基峰为 100，其他峰以基峰强度的百分数表示)范围依次输入。如知道最大质量数，可在 Maxmass 栏内输入。如从分子离子上有中性丢失，可在 Loss 栏内输入，这一丢失的最大值是 m/z=64。如输入 0，则此质谱图一定有分子离子峰。在输入这些峰的数据后就可得到一系列化合物的标准质谱图。输入的峰越多，输入的相对强度范围越窄，检出的化合物数量就越少，甚至检不出化合物来。此时可减少输入的峰或放宽相对强度范围，就可检出化合物。

(3) 使用谱库检索时应注意的问题　为了使检索结果正确，在使用谱库检索时应注意以下几个问题。

① 质谱库中的标准质谱图都是在电子轰击电离源中，用 70eV 电子束轰击得到的，所以被检索的质谱图也必须是在电子轰击电离源中、用 70eV 电子束轰击得到的，否则检索结果是不可靠的。

② 质谱库中标准质谱图都是用纯化合物得到的，所以被检索的质谱图也应该是纯化合物。本底的干扰往往使被检索的质谱图发生畸变，所以扣除本底的干扰对检索的正确与否十分重要。现在的质谱数据系统都带有本底扣除功能，重要的是如何确定(即选择)本底，这就要靠实践经验。在 GCMS 分析中，有时要扣除色谱峰一侧的本底，有时要扣除峰两侧的本底。本底扣除时扣除的都是某一段本底的平均值。选择这一段本底的长短及位置也是凭经验决定。

③ 要注意检索后给出的匹配度(相似度)最高的化合物并不一定就是要检索的化合物，还要根据被检索质谱图中的基峰，分子离子峰及其已知的某些信息(如是否含某些特殊元素——F、Cl、Br、I、S、N 等，该物质的稳定性、气味等)，从检索后给出的一系列化合物中确定被检索的化合物。

第8章 电位分析法

实验1 电位法测定水溶液的 pH 值

一、实验目的

1. 掌握用玻璃电极测量溶液 pH 值的基本原理和操作技术。
2. 学习测定玻璃电极的响应斜率，进一步加深对玻璃电极响应特性的了解。

二、实验原理

复合玻璃电极插入试液，即组成如下工作电池：

$$Ag，AgCl \mid HCl(0.1mol/L) \mid 玻璃膜 \mid 试液 \parallel KCl(饱和) \mid Hg_2Cl_2，Hg$$

工作电池的电动势为：

$$E_{电池} = E_{SCE} - E_{玻璃电极} = E_{SCE} - E_{膜} - E_{Ag,AgCl} + E_j$$

式中，E_{SCE} 为饱和甘汞电极电位；$E_{膜}$ 玻璃敏感膜的膜电位；$E_{Ag,AgCl}$ 为玻璃电极的内参比电极电位；E_j 为液体接界电位。

当测量体系确定后，式中 E_{SCE}、$E_{Ag,AgCl}$ 和 E_j 均为常数，$E_{膜} = K + \dfrac{RT}{F}\ln a_{H^+}$，合并常数项，电动势可表示为：

$$E_{电池} = K - \frac{RT}{F}\ln a_{H^+}$$

在 25℃时：

$$E_{电池} = K + 0.059pH$$

其中 0.059 为玻璃电极在 25℃时的理论响应斜率。

式中的常数，称为玻璃电极常数，它与玻璃电极的性质无关，但无法准确确定它的数值，故在实际测定中采用相对方法。即选用 pH 值已经确定的标准缓冲液进行比较而得到试液的 pH 值，即 pH 值的操作定义或实用定义。可表示为

$$pH_x = pH_s + \frac{E_x - E_s}{S}$$

式中，pH_x 为试液的 pH 值；pH_s 为标准缓冲液的 pH 值；E_x 为试液组成的电池电动势；E_s 为标准缓冲液组成的电池的电动势；S 为玻璃电极的实际响应斜率。从而消除了常数 K 和电极响应斜率与仪器原设计值不一致引入的误差。

三、仪器和试剂

1. pHS-3B 型 pH 计，复合玻璃电极（2 支），100mL 容量瓶，5mL 烧杯等。
2. 四种 pH 标准缓冲液（饱和酒石酸氢钾，邻苯二甲酸氢钾，混合磷酸盐，硼砂）。
3. 未知试样溶液（pH 值分别为 3，7，9 左右）。

四、实验步骤

1. 打开 pH 计的电源开关,预热 30min,接好复合玻璃电极。

2. 将仪器背面的选择开关打到手动位置,仪器正面的选择开关旋在温度位置,调节温度旋钮在室温。

3. 测定玻璃电极的实际响应响应斜率:选用仪器的 mV 档,用蒸馏水冲洗电极。然后把电极插入一种标准缓冲溶液中搅拌溶液半分钟,停止搅拌稳定半分钟,读取稳定的 mV 值(±1mV)。按此方法测定四种标准缓冲溶液的电动势值。

4. 同上述步骤测定另一支复合电极的响应 mV 值。

5. 两点定位法测定溶液的 pH 值。

(1)选用仪器的 pH 档,将洗净的电极浸入一种标准缓冲溶液中,搅拌、静止后,用定位旋钮调节仪器的读数,即为该标准缓冲溶液的 pH 值。

(2)换上另一种标准缓冲溶液,调节斜率旋钮使仪器显示该缓冲液的 pH 值。

(3)按(1)、(2)步骤反复调节仪器,至最佳状态,即读数与试液 pH 值相差至多不超过 0.5pH 单位。

(4)试液测定:将洗净吸干的电极浸入被测试液,搅拌、静止后,读取稳定的 pH 值。并测定其他两种试液的 pH 值。

(5)一点定位法测定溶液 pH 值:选用一种 pH 值与试液 pH 值相近的缓冲溶液用定位旋钮定位后,即可测定溶液的 pH 值。

五、结果处理

1. 按表 8.1 记录电极斜率测定数据。

2. 以表中的 pH 值数据为横坐标,以相应的 mV 值为纵坐标作图,计算直线斜率,即电极的实际响应斜率。并比较两支电极的性能。

3. 记录测定样品的 pH 值的结果。

表 8.1　标准缓冲液"mV"测量记录表

标准缓冲溶液 pH 值	电位计读数/mV	
	电极 1	电极 2
3.56		
4.00		
6.86		
9.18		

六、思考题

1. 测量溶液的 pH 值时为什么 pH 计要用 pH 标准缓冲溶液进行定位?

2. 使用玻璃电极测定溶液的 pH 值时,应匹配何种类型的电位计?

3. 为什么用一点定位法测定溶液 pH 值时,应尽量选用 pH 值与它相近的标准缓冲液定位?

4. 为什么当玻璃电极的斜率低于 52mV/pH 时就不宜再使用?

实验 2 硫酸铜电解液中氯的电位滴定

一、实验目的

1. 熟悉电位滴定法的基本原理和实验技术。
2. 掌握电位滴定法测定氯的方法。

二、实验原理

电位滴定法是根据滴定过程中指示电极电位的变化确定终点的容量分析方法。用电解法精炼铜时，硫酸铜电解液中的氯离子的浓度不能太大。由于硫酸铜溶液具有很深的颜色，无法用指示剂指示终点，所以不能用普通容量分析法进行滴定。用电位滴定法测定氯离子浓度也是采用硝酸银为滴定剂，滴定反应如下：

$$Ag^+ + Cl^- \rule[0.5ex]{2em}{0.4pt} AgCl \downarrow$$

在滴定过程中，氯离子和银离子的浓度发生变化，用银电极或卤离子选择性电极作指示电极，在等当点附近，指示电极的电位产生突跃，指示终点。本实验示采用银电极为指示电极，其电极电位为：

$$E_{Ag} = E^0_{Ag} + 0.059 \lg [Ag^+]$$
$$E^0_{Ag} = 0.779V$$

测定时指示电极与试液和参比电极组成的电池的电动势为：

$$E_{电池} = E_{参比} - E_{Ag} = E_{参比} - E^0_{Ag} - 0.059 \lg [Ag^+]$$

式中，$E_{参比}$ 和 E^0_{Ag} 都为常数，所以电池电动势与银离子浓度符合能斯特方程式的关系。

因为测定溶液中含有氯离子，所以参比电极采用具有双盐桥的 217 型饱和甘汞电极作参比电极。其外套管中充的是硝酸钾溶液，因此避免了氯离子的干扰。

三、仪器和试剂

1. 酸度计，电磁搅拌器，银电极，饱和甘汞电极。
2. 0.1mol/L KNO$_3$ 溶液。
3. 0.100mol/L AgNO$_3$ 标准溶液：准确称取烘干的分析纯硝酸银 16.987g，用水溶解后稀释至 1L，此溶液最后用标准氯化钠进行标定。

四、实验步骤

1. 在滴定台上装好指示电极和参比电极，分别接在酸度计的电极转换器上，并用水冲洗干净。
2. 用移液管准确吸取 5.00mL 电解液置于电解池中，并用量筒加入 100mL 水，放入搅拌磁子，并置于电磁搅拌器上，将上述电极浸入电解液中。
3. 在滴定管中加入硝酸银标准溶液并调好零点。
4. 将酸度计的功能开关旋在 mV 档的位置，开动搅拌器，开始滴定。每滴入一定体积的硝酸银后搅拌片刻记录电位值。开始时每次可滴入 1.00mL，近终点时，每次滴入 0.05mL 或 0.01mL。

五、结果处理

1. 根据电位滴定的数据，绘制电动势(E)对滴定体积(V)的滴定曲线以及$\Delta E/\Delta V$对体积的一级微分滴定曲线。滴定曲线的拐点，即曲线的转折点即微分滴定曲线的极大点即为滴定终点。

2. 根据滴定终点所消耗硝酸银溶液的体积计算试液中氯离子的含量(g/L)。

六、思考题

1. 计算用硝酸银滴定氯离子时，指示电极除可以用银电极和氯离子选择性电极外，还可以选择碘化银膜电极作指示电极，说明是什么原因，并说明有什么优点？

2. 计算用硝酸银滴定氯离子时，银电极和饱和甘汞电极所组成的电池在等当点的电动势，与实验结果相比较是否有差别？试分析原因。

实验3　乙酸的电位滴定分析及其离解常数的测定

一、目的要求

1. 学习电位滴定的基本原理和操作技术。
2. 运用 pH – V 曲线和($\Delta pH/\Delta V$) – V 曲线与二级微商法确定滴定终点。
3. 学习测定弱酸离解常数的方法。

二、基本原理

乙酸 CH_3COOH（简写作 HAc）为一弱酸，其 $pK_a = 4.74$，当以标准碱溶液滴定乙酸试液时，在化学计量点附近可以观察到 pH 值的突跃。

以玻璃电极和饱和甘汞电极插入试液即组成如下的工作电池：

$$Ag，AgCl|HCl(0.1mol/L)|玻璃膜|HAc 试液||KCl(饱和)|Hg_2Cl_2，Hg$$

该工作电池的电动势在酸度计上反映出来，并表示为滴定过程的 pH 值，记录加入标准碱溶液的体积 V 和相应被滴定溶液的 pH 值，然后由 pH – V 曲线或($\Delta pH/\Delta V$) – V 曲线求得终点时消耗的标准碱溶液的体积，也可用二级微商法，于 $\Delta^2 pH/\Delta V^2 = 0$ 处确定终点。根据标准碱溶液的浓度，消耗的体积和试液的体积，即可求得试液中乙酸的浓度或含量。

根据乙酸的离解平衡

$$HAc \Longleftrightarrow H^+ + Ac^-$$

其离解常数

$$K_a = \frac{[H^+][Ac^-]}{[HAc]}$$

当滴定分数为 50% 时，$[Ac^-] = [HAc]$，此时 $K_a = [H^+]$，即 $pK_a = pH$，因此在滴定分数为 50% 的 pH 值，即为乙酸的 pK_a 值。

三、仪器与试剂

1. 仪器：ZD – 2 型自动电位滴定计(酸度计)、玻璃电极、甘汞电极、容量瓶(100mL)、吸量管(5mL，10mL)、微量滴定管(10mL)。

2. 试剂：1.000mol/L 草酸标准溶液、0.1mol/L NaOH 标准溶液(浓度待标定)、乙酸试液(浓度约为 1mol/L)、0.05mol/L 邻苯二甲酸氢钾溶液(pH = 4.00，20℃)、0.05mol/L Na$_2$HPO$_4$ + 0.05mol/L KH$_2$PO$_4$ 混合溶液(pH = 6.88，20℃)。

四、实验步骤

1. 按照 ZD - 2 型自动电位滴定仪操作步骤调试仪器，将选择开关置于 pH 滴定档。

摘去饱和甘汞电极的橡皮帽，并检查内电极是否浸入饱和 KCl 溶液中，如未浸入，应补充饱和 KCl 溶液。在电极架上安装好玻璃电极和饱和甘汞电极，并使饱和甘汞电极稍低于玻璃电极，以防止烧杯底碰坏玻璃电极薄膜。

2. 将 pH = 4.00(20℃)的标准缓冲溶液置于 100mL 小烧杯中，放入搅拌子，并使两支电极浸入标准缓冲溶液中，开动搅拌器，进入酸度计定位，再以 pH = 6.88(20℃)的标准缓冲溶液校核，所得读数与测量温度下的缓冲溶液的标准值 pH$_S$ 之差应在 ±0.05 单位之内。

3. 准确吸取草酸标准溶液 10mL，置于 100mL 容量瓶中用水稀释至刻度，混合均匀。

4. 准确吸取稀释后的草酸标准溶液 5.00mL，置于 10.0mL 烧杯中，加水至 30mL，放入搅拌子。

5. 以待定的 NaOH 溶液装入微量滴定管中，使液面在 0.00mL 处。

6. 开动搅拌器，调节至适当的搅拌速度，进行粗测，即测量在加入 NaOH 溶液 0mL，1mL，2mL，…8mL，9mL，10mL 时的各点的 pH 值。初步判断发生 pH 值突跃时所需的 NaOH 体积范围(ΔV_{ex})。

7. 重复 4，5 操作，然后进行细测，即在化学计量点附近取较小的等体积增量，以增加测量点的密度，并在读取滴定管读数时，读准至小数点后第二位。如在粗测时 ΔV_{ex} 为 8 ~ 9mL，则在细测时以 0.10mL 为体积增量，测量加入 NaOH 溶液 8.00mL，8.10mL，8.20mL…8.90mL 和 9.00mL 各点的 pH 值。

8. 吸取乙酸试液 10.00mL，置于 100mL 容量瓶中，稀释至刻度，摇匀。吸取稀释后的乙酸溶液 10.00mL，置于 100mL 烧杯中，加水至约 30mL。

9. 仿照标定 NaOH 时的粗测和细测步骤，对乙酸进行测定。

在细测时于 ½ΔV_{ex} 处，也适当增加测量点的密度，如 ΔV_{ex} 为 4 ~ 5mL，可测量加入 2.00mL，2.10mL，…，2.40mL 和 2.50mL NaOH 溶液时各点的 pH 值。

五、数据处理

1. NaOH 溶液浓度的标定。

(1) 实验数据及计算：根据实验数据，计算 $\Delta pH/\Delta V$ 和化学计量点附近的 $\Delta^2 pH/\Delta V^2$，填入表 8.2 中。

表 8.2 粗测

V/mL	0	1	2	3	…	8	9	10
pH 值								

细测

V/mL	
pH 值	
$\Delta pH/\Delta V$	
$\Delta^2 pH/\Delta V^2$	

（2）于方格纸上做 pH – V 和（$\Delta pH/\Delta V$）– V 曲线，找出终点体积 V_{ep}。

（3）用内插法求出 $\Delta^2 pH/\Delta V^2 = 0$ 处的 NaOH 溶液的体积 V_{ep}。

（4）根据（2），（3）所得的 V_{ep}，计算 NaOH 标准溶液的浓度。

2. 乙酸浓度及离解常数 K_a 的测定。

（1）实验数据及计算，表8.3。

表 8.3　粗测

V/mL	0	1	2	3	…	8	9	10
pH 值								

$\Delta V_{ex} = $ _____ mL

细测

V/mL	
pH 值	
$\Delta pH/\Delta V$	
$\Delta^2 pH/\Delta V^2$	

仿照上述 NaOH 溶液浓度标定的数据处理方法，画出曲线，求出终点 V_{ep}。

（2）计算原始试液中乙酸的浓度，以 g/L 表示。

在 pH – V 曲线上，查得体积相当于 $1/2\ V_{ep}$ 时的 pH 值，即为乙酸的 pK_a 值。

六、思考题

1. 如果本次实验只要求测定 HAc 含量，不需要测定 pK_S，实验中哪些步骤可以省略？

2. 在标定 NaOH 溶液浓度和测定乙酸含量时，为什么都采用粗测和细测两个步骤？

实验 4　用氟离子选择性电极测定水中微量 F⁻ 离子

一、实验目的

学习氟离子选择性电极测定微量 F⁻ 离子的原理和测定方法。

二、实验原理

氟离子选择性电极的敏感膜为 LaF_3 单晶膜（掺有微量 EuF_2，利于导电），电极管内放入 $NaF + NaCl$ 混合溶液作为内参比溶液，以 $Ag – AgCl$ 作内参比电极。当将氟电极浸入含 F⁻ 离

138

子溶液中时，在其敏感膜内外两侧产生膜电位 $\Delta\varphi_M$

$$\Delta\varphi_M = K - 0.059 \lg a_{F^-} \quad (25℃)$$

以氟电极作指示电极，饱和甘汞电极为参比电极，浸入试液组成工作电池：

Hg，Hg_2Cl_2|KCl(饱和)‖F⁻试液|LaF_3|NaF，NaCl(均为 0.1mol/L)|AgCl，Ag

工作电池的电动势

$$E = K' - 0.059 \lg a_{F^-} \quad (25℃)$$

在测量时加入以 HAc，NaAc，柠檬酸钠和大量 NaCl 配制成的总离子强度调节缓冲液 (TISAB)。由于加入了高离子强度的溶液(本实验所用的 TISAB 为硝酸钠—柠檬酸三钠溶液：称取 58.8g 柠檬酸三钠和 85g 硝酸钠，溶解于 800mL 水中，用盐酸调节 pH 为 5.0～6.0 之间，用水稀释至 1000mL，摇匀其离子强度 $\mu > 1.2$)，可以在测定过程中维持离子强度恒定，因此工作电池电动势与 F⁻离子浓度的对数呈线性关系：

$$E = K - 0.059 \lg C_{F^-}$$

本实验采用标准曲线法测定 F⁻离子浓度，即配制成不同浓度的 F⁻标准溶液，测定工作电池的电动势，并在同样条件下测得试液的 E_x，由 $E - \lg C_{F^-}$ 曲线查得未知试液中的 F⁻离子浓度。当试液组成较为复杂时，则应采取标准加入法测定。

氟电极的适用酸度范围为 pH = 5～6，测定浓度在 10^{-6}～10^0 mol/L 范围内，$\Delta\varphi_M$ 与 $\lg C_F^-$ 呈线性响应，电极的检测下限在 10^{-7} mol/L 左右。

三、仪器与试剂

1. 仪器：

pHS-2 型酸度计、氟离子选择性电极、饱和甘汞电极、电磁搅拌器、容量瓶(1000mL，100mL)、吸量管(10mL)。

2. 试剂：

(1) 0.100mol/L F⁻离子标准溶液：准确称取 120℃ 干燥 2h 并经冷却的优级纯 NaF4.20g 于小烧杯中，用水溶解后，转移至 1000mL 容量瓶中配成水溶液，然后转入洗净、干燥的塑料瓶中。

(2) 总离子强度调节缓冲液(TISAB)：于 1000mL 烧杯中加入 500mL 水和 57mL 冰乙酸，58gNaCl，12g 柠檬酸钠($Na_3C_6H_5O_7 \cdot 2H_2O$)，搅拌至溶解。将烧杯置于冷水中，在 pH 计的监测下，缓慢滴加 6mol/L NaOH 溶液，至溶液的 pH = 5.0～5.5。冷却至室温，转入 1000mL 容量瓶中，用水稀释至刻度，摇匀。转入洗净、干燥的试剂瓶中。

(3) F⁻离子试液，浓度约在 10^{-2}～10^{-1} mol/L。

四、实验步骤

1. 按 pHS-2 型酸度计操作步骤调试仪器，按下 mV 按键。摘去甘汞电极的橡皮帽，并检查内电极是否浸入饱和 KCl 溶液中，如未浸入，应补充饱和 KCl 溶液。安装电极。

2. 准确吸取 0.100mol/L F⁻离子标准溶液 10.00mL，置于 100mL 容量瓶中，加入 TISAB 10.0mL，用水稀释至刻度，摇匀，得 pF = 2.00 溶液。

3. 吸取 pF = 2.00 溶液 10.00mL，置于 100mL 容量瓶中，加入 TISAB9.0mL，用水稀释至刻度，摇匀，得 pF = 3.00 溶液。

仿照上述步骤，配制 pF = 4.00，pF = 5.00，pF = 6.00 溶液。

4. 将配制的标准溶液系列由低浓度到高浓度逐个转入塑料小烧杯中，并放入氟电极和饱和甘汞电极及搅拌子，开动搅拌器，调节至适当的搅拌速度，搅拌 3min，至数字无明显变动时，读取各溶液的 mV 值。

5. 吸取 F^- 离子试液 10.00mL，置于 100mL 容量瓶中，加入 10.0mL TISAB，用水稀释至刻度，摇匀。按标准溶液的测定步骤，测定其电位 E_x 值。

五、数据及处理

1. 实验数据表 8.4。

表 8.4　实验数据

pF 值	6.00	5.00	4.00	3.00	2.00
$E(-mV)$					

2. 以电位 E 值为纵坐标，pF 值为横坐标，绘制 $E-pF$ 标准曲线。

3. 在标准曲线上找出与 E_x 值相应的 pF 值，求得原始试液中 F^- 离子的含量，以 g/L 表示。

六、思考题

1. 本实验测定的是 F^- 离子的活度，还是浓度？为什么？

2. 测定 F^- 离子时，加入的 TISAB 由哪些成分组成？各起什么作用？

3. 测定 F^- 离子时，为什么要控制酸度，pH 值过高或过低有何影响？

4. 测定标准溶液系列时，为什么按从稀到浓的顺序进行？

附录：pH 计简介

1. 仪器连接：

仪器安装连接好以后（图 8.1），插上电源线，打开电源开关，电源指示灯亮。经 15min 预热后再使用。

图 8.1　ZD-2 型自动电位滴定仪

2. 使用方法：

（1）mV 测量：

① "设置"开关置"测量"，"pH/mV"选择开关置"mV"；

② 将电极插入被测溶液中，将溶液搅拌均匀后，即可读取电极电位(mV)值；

③ 如果被测信号超出仪器的测量范围，显示屏会不亮，作超载报警。

（2）pH 标定及测量：

① 标定。仪器在进行 pH 测量之前，先要标定。一般来说，仪器在连续使用时，每天要标定一次。其步骤如下：

a. 设置开关置"测量"，" pH/mV"开关置"pH"；

b. 调节"温度"旋钮，使旋钮白线指向对应的溶液温度值；

c. 将"斜率"旋钮顺时针旋到底(100%)；

d. 将清洗过的电极插入 pH 值为 6.86 的缓冲溶液中；

e. 调节"定位"旋钮，使仪器显示读数与该缓冲溶液当时温度下的 pH 值相一致

f. 用蒸馏水清洗电极，再插入 pH 值为 4.00 标准缓冲溶液中，调节斜率旋钮使仪器显示读数与该缓冲溶液当时温度下的 pH 值相一致。重复(e)~(f)直至不用再调"定位"或"斜率"调节旋钮为止，至此，仪器完成标定。标定结束后，"定位"和"斜率"旋钮不应再动，直至下一次标定。

② pH 测量。经标定过的仪器即可用来测量 pH，其步骤如下：

a."设置"开关置"测量"，"pH/mV"开关置"pH"；

b. 用蒸馏水清洗电极头部，再用被测溶液清洗一次；

c. 用温度计测出被测溶液的温度值；

d. 调节"温度"旋钮，使旋钮白线指向对应的溶液温度值；

e. 电极插入被测溶液中，搅拌溶液使溶液均匀后，读取该溶液的 pH 值。

（3）滴定前的准备工作：

① 安装好滴定装置，在试杯中放入搅拌棒，并将试杯放在 JB – IA 型搅拌器上。

② 电极的选择：取决于滴定时的化学反应，如果是氧化还原反应，可采用铂电极和甘汞电极；如属中和反应，可用 pH 复合电极或玻璃电极和甘汞电极；如属银盐与卤素反应，可采用银电极和特殊甘汞电极。

（4）电位自动滴定：

① 终点设定："设置"开关置"终点"，"pH/mV"开关置"mV"，"功能"开关置"自动"，调节"终点电位"旋钮，使显示屏显示你所要设定的终点电位值。终点电位选定后，"终点电位"旋钮不可再动。

② 预控点设定：预控点的作用是当离开终点较远时，滴定速度很快，当到达预控点后，滴定速度很慢。设定预控点就是设定预控点到终点的距离。其步骤如下：

"设置"开关置"预控点"，调节"预控点"旋钮，使显示屏显示你所要设定的预控点数值。例如：设定预控点为 100mV，仪器将在离终点 100mV 处转为慢滴，预控点选定后，"预控点"调节旋钮不可再动。

③ 终点电位和预控点电位设定好后，将"设置"开关置"测量"，打开搅拌器电源，调节转速使搅拌从慢逐渐加快至适当转速。

④ 按一下"滴定开始"按钮，仪器即开始滴定，滴定灯闪亮，滴液快速滴下，在接近终点时，滴速减慢。到达终点后，滴定灯不再闪亮，过 10s 左右，终点灯亮，滴定结束。

注意：到达终点后，不可再按"滴定开始"按钮，否则仪器将认为另一极性相反的滴定开始，而继续进行滴定。

⑤ 记录滴定管内滴液的消耗读数。

（5）电位控制滴定：

"功能"开关置"控制"，其余操作同第(4)条。在到达终点后，滴定灯不再闪亮，但终点灯始终不亮，仪器始终处于预备滴定状态，同样，到达终点后，不可再按"滴定开始"按钮。

（6）pH 自动滴定：

① 按本节上述进行标定；

② pH 终点设定："设置"开关置"终点"，"功能"开关置"自动"，"pH/mV'开关置"pH"，调节"终点电位"旋钮；使显示屏显示你所要设定终点 pH 值；

③ 预控点设置："设置"开关置"预控点"，调节"预控点"旋钮，使显示屏显示你所要设置的预控点时 pH 值。例如，你所要设置的预控点为 2pH，仪器将在离终点 2pH 左右处自动从快滴转为慢滴，其余操作同上。

（7）pH 控制滴定(恒 pH 滴定)："功能"开关置"控制"，其他操作同上。

（8）手动滴定：

① "功能"置"手动"，"设置"开关置"测量"；

② 按下"滴定开始"开关，滴定灯亮，此时滴液滴下，控制按下此开关的时间，即控制滴液滴下的数量。放开此开关，则停止滴定。

第9章 伏安分析法

实验1 阳极溶出伏安法测定水样中的铜、镉含量

一、实验目的

1. 掌握阳极溶出伏安法的基本原理。
2. 学习溶出伏安计的使用方法。

二、实验原理

溶出伏安法包括阳极溶出伏安法和阴极溶出伏安法。待测组分在恒定电位下经过富集，金属富集在工作电极上，随后，电极电位由负电位向正电位方向快速扫描达到一定电位时，富集的金属经过氧化重新以离子状态进入溶液，在这一过程中形成相当强的氧化电流峰。在一定的实验条件下，电流的峰值与待测组分的浓度成正比，借此可进行对该组分的定量分析。

通常以汞膜电极为工作电极，采用非化学计量的富集法，即无需使溶液中全部待测离子富集在工作电极上，这样可缩短富集时间，提高分析速度。为使富集部分的量与溶液中的总量之间维持恒定的比列关系，实验中富集时间、静止时间、扫描速率、电极的位置和搅拌状况等，都应保持严格相同。

设富集时的电流 i_D 很小，在较长的富集时间 t_D 内，可以认为 i_D 不变，则流过的电量为

$$Q_D = i_D t_D$$

如果富集的金属在溶出阶段能全部溶出，其流过的电量 Q_S 应与 Q_D 相等，并且

$$Q_S = i_S t_S$$

式中 i_S 为溶出的平均电流，t_S 为溶出时间。采用快速电位扫描技术，可使溶出时间 t_S 大为减少。从而使溶出电流 i_S 相应大为提高。待测组分经过预先的富集，在溶出时突然氧化，使检测信号(溶出峰电流)显著增加，因此溶出伏安法具有较高的灵敏度。

商品化的溶出伏安仪均采用自动控制阴极(或阳极)电位的三电极系统，即除了工作电极(如汞膜电极)和参比电极(如 Ag – AgCl 电极)外，增加一个对电极(常用铂电极)，以稳定工作电极的电位。

用标准曲线法或标准加入法均可进行定量测定。标准加入法的计算公式为：

$$c_x = \frac{c_s V_s h_x}{H(V_x + V_s) - h_x V_x}$$

式中 c_x，V_x，h_x——试样的浓度、体积和溶出峰的峰高；

$\quad\quad c_s$，V_s——加入标准溶液的浓度和体积；

$\quad\quad\quad H$——加入标准溶液后，测得的溶出峰的峰高。

由于加入的标准溶液体积 V_s 非常小，也可简化为下式计算浓度：

$$c_x = \frac{c_s V_s h_s}{(H - h_x) V_x}$$

实验以 HAc - NaAc 为支持电解质，用标准加入法测定水样中 Cd^{2+}、Cu^{2+} 离子的含量。

三、仪器与试剂

1. 仪器：溶出伏安仪(玻碳汞膜电极、Ag - AgCl 电极、铂电极三电极系统)SV - 1 型或其他型号、X - Y 记录仪、N_2 气钢瓶、电解杯(100mL)、高型烧杯、吸管(25mL)、吸量管(1mL)。

2. 试剂：10μg/mL Cu^{2+} 离子标准溶液，10μg/mL Cd^{2+} 离子标准溶液，HAc - NaAc 溶液(pH≈5.6)：905mL 2mol/L NaAc 溶液与 95mL 2mol/L HAc 溶液混合均匀，2×10^{-2} mol/L $HgSO_4$ 溶液，试样(约含 0.02μg/mL Cu^{2+} 离子，0.2μg/mL Cd^{2+} 离子)。

四、实验步骤(以使用 SV - 1 型溶出伏安仪为例)

1. 于电解杯中加入 25mL 二次蒸馏水和数滴 $HgSO_4$ 溶液，将玻碳电极抛光洗净后浸入溶液中，以玻碳电极为阴极，铂电极为阳极，控制阴极电位在 - 1.0V，在通 N_2 气搅拌下，电镀 5～10min 即得玻碳汞膜电极。

2. 按说明书连接仪器，并以键盘输入下列参数：

短路清洗时间　60s

电极电位与时间　- 1.2V，30s

静止时间　30s

溶出电位　- 1.2 ～ + 0.1V

氧化清洗电位与时间　+ 0.1V，30s

记录仪落笔电位与抬笔电位　- 0.1V，+ 0.1V

3. 于电解杯中加入 25mL 水样和 1mL HAc - NaAc 溶液，将玻碳汞膜电极、Ag - AgCl 参比电极、铂电极和通气搅拌管浸入溶液中，调节适当的 N_2 气流量，并使之稳定。按"启动"键，由记录仪记录溶出伏安曲线。Cd^{2+} 离子先溶出，Cu^{2+} 离子后溶出。

4. 在尽量不改变电极位置的情况下，于电解杯中加入 0.40mL Cd^{2+} 离子标准溶液和 0.10mL Cu^{2+} 离子标准溶液，按"启动"键，记录几次溶出伏安曲线，以获得稳定的峰值电流。按"暂停"键。

五、数据及处理

1. 记录实验条件：

(1) 短路清洗时间；

(2) 电极电位与时间；

(3) 静止时间；

(4) 溶出电位范围；

(5) 氧化清洗电位与时间。

2. 填写下表：

Cu^{2+} 离子标准溶液浓度 c_s = _____，加入体积 V_s = _____

Cd^{2+} 离子标准溶液浓度 c_s = _____，加入体积 V_s = _____

未知水样的体积 V_x = _____

3. 测量溶出伏安曲线上水样 Cd^{2+}，Cu^{2+} 离子的各个峰高 h_x 和加入标准溶液后的各个峰高 H，并分别取平均值 $\bar{h}_x$ 和 $\bar{H}$，填入表9.1。

表 9.1　实验数据

	Cd^{2+}			Cu^{2+}		
h_x						
$\bar{h}_x$						
H						
$\bar{H}$						

4. 计算水样中 Cd^{2+}，Cu^{2+} 离子的浓度，以 μg/mL 表示。

六、思考题

1. 结合本实验说明阳极溶出伏安法的基本原理。
2. 溶出伏安法为什么有较高的灵敏度？
3. 实验中为什么对各实验条件必须严格保持一致？

实验 2　阳极溶出伏安法测定水中的铅和镉

一、实验目的

1. 熟悉方波溶出伏安法的基本原理。
2. 掌握汞膜电极的使用方法。
3. 了解一些新技术在溶出伏安法中的应用。

二、实验原理

首先将工作电极置于某一电位下，使被测物质富集到电极上，然后施加线性变化的电压于工作电极上扫描，使被富集的物质溶出，同时记录伏安曲线。根据溶出峰电流的大小确定被测物质的含量。

溶出伏安法主要分为阳极溶出伏安法，阴极溶出伏安法和吸附溶出伏安法。实验采用阳极溶出伏安法测定水中的铅和镉，其过程可表示为：

$$M^{2+}(Pb^{2+}, Cd^{2+}) + 2e + Hg \underset{溶出}{\overset{富集}{\rightleftharpoons}} M(Hg)$$

玻碳电极为工作电极，采用同位镀汞膜的技术。首先在分析溶液中加入一定量的汞盐［通常是 $10^{-5} \sim 10^{-4}$ mol/L $Hg(NO_3)_2$］，在被测物质所加电压下富集时，汞与被测物质同时在玻碳电极上析出形成汞膜（汞齐）。然后在反向扫描时，被测物质从汞中"溶出"，而产生"溶出"电流峰。

在酸性介质中，当电极电位控制在 -1.0V 时（vs. SCE，以下电位均相对于 SCE），Pb^{2+}、Cd^{2+} 和 Hg^{2+} 离子同时在玻碳电极上形成汞齐膜。然后，当阳极化扫描至 -0.1V 时，可得到两个清晰的溶出电流峰。铅的峰电位约为 -0.4V，而镉的峰电位约为 -0.6V。本法可分别测定低至 1×10^{-11} mol/L 的铅、镉离子。

三、仪器试剂

1. 微机电化学分析系统，玻碳工作电极，饱和甘汞电极，铜丝对电极，容量瓶（50mL）若干。

2. 1.0×10^{-3} mol/L Pb^{2+} 标准储备液；1.0×10^{-3} mol/L Cd^{2+} 标准储备液；5.0×10^{-3} mol/L 硝酸汞溶液；1mol/L 盐酸。

四、实验步骤

1. 打开仪器，连接好三电极。选择方波溶出伏安法，按表 9.2 调好仪器参数。

表 9.2　仪器参数

灵敏度/ ($\mu A/V$)	滤波参数/Hz	放大倍数/V	初始电位/V	电积电位/V	电位增量/mV	方波周期/ms	方波幅度/mV	平衡时间/s	电沉积时间/s
5	10	1	-0.1	-1.0	6	50	20	10	180

2. 工作电极的预处理：将玻碳电极在 6# 金相砂纸或麂皮上抛光成镜面，然后依次用1:1 硝酸，无水乙醇，蒸馏水超声波洗涤 1~2min，备用。

3. 试液配制：取两份 25.0mL 水样置于两个 50mL 容量瓶中，分别加入 5mL 1mol/L 盐酸，1.0mL 5.0×10^{-3} mol/L 硝酸汞溶液。在其中一个容量瓶中加入 1mL 1.0×10^{-5} mol/L Pb^{2+} 标准溶液和1mL 1.0×10^{-5} mol/L Cd^{2+} 标准溶液，均用水稀释至刻度，摇匀。

4. 将空白溶液加入电解池中，记录方波溶出伏安曲线，测量峰高。平行做三次，取平均值。每完成一次，在 -1.0 V 处清洗电极半分钟。

按上述操作方法测定样品。

五、结果处理

按下式计算水样中铅、镉的含量：

$$c_x = \frac{hc_s V_s}{(H-h)V}$$

式中，h 为测得的水样峰（电流）高度；H 为加入标准溶液后的总高度；c_s 为标准溶液浓度；V_s 为加入标准溶液的体积毫升数；V 为所取水样体积。

六、思考题

1. 溶出伏安法有哪些特点？在样品和空白中加入硝酸汞起什么作用？
2. 使用汞膜电极时要注意什么？
3. 方波极谱法的灵敏度如何？

实验 3　线性扫描伏安法与循环伏安法实验

一、实验目的

1. 掌握线性扫描伏安法及循环伏安法的原理。
2. 掌握微机电化学分析系统的使用及维护。

3. 掌握利用线性扫描伏安法进行定量分析及利用循环伏安法判断电极反应过程。

二、实验原理

1. 线性扫描伏安法：

线性扫描伏安法是在电极上施加一个线性变化的电压（即电极电位是随外加电压线性变化），记录工作电极上的电解电流的方法。记录的电流随电极电位变化的曲线称为线性扫描伏安图。可逆电极反应的峰电流如下：

$$i_p = 0.1463 n_F A D^{1/2} c (nF/R_T)^{1/2} = 2.69 \times 10^5 n^{3/2} A D v^{1/2} c$$

式中，n 为电子交换数；A 为电极有效面积；D 为反应物的扩散系数；v 为电位扫描速度；c 为反应物（氧化态）的本体浓度。当电极的有效面积 A 不变时，上式也可简化为：

$$i_p = K v^{1/2} c$$

即峰电流与电位扫描速度 v 的 1/2 次方成正比，与反应物的本体浓度成正比。这就是线性扫描伏安法定量分析的依据。

对于可逆电极反应，峰电位与扫描速度无关，

$$E_p = E_{1/2} \pm 1.1 RT/nF$$

但当电极反应为不可逆时（准可逆或完全不可逆），峰电位 E_p 随扫描速度 v 增大而负（或正）移。

2. 循环伏安法：

循环伏安法的原理与线性扫描伏安法相同，只是比线性扫描伏安法多了一个回扫，所以称为循环伏安法。循环伏安法是电化学方法中最常用的实验技术，也是电化学表征的主要方法。循环伏安法有两个重要的实验参数，一是峰电流之比，二是峰电位之差。对于可逆电极反应，峰电流之比 i_{pc}/i_{pa}（阴极峰电流 i_{pc} 与阳极峰电流 i_{pa} 之比）的绝对值约等于 1。峰电位之差 ΔE_p（阴极峰电流 E_{pc} 与阳极峰电流 E_{pa} 之差，$\Delta E_p = |E_{pc} - E_{pa}|$）约为 60mV（25℃），即

$$\Delta E_p = 2.22 RT/nF$$

三、仪器与试剂

1. 仪器：LK98A 电化学分析系统（或其他型号仪器），三电极系统：玻碳电极为工作电极，饱和甘汞电极为参比电极，铂电极为对电极。

2. 试剂：1.0×10^{-3} mol/L $K_3[Fe(CN)_6]$（铁氰化钾）溶液（含 0.1mol/L 的 KCl 的支持电解质）。

四、实验内容与步骤

选择仪器使用方法：电位扫描技术——线性扫描伏安法或循环伏安法。

参数设置：初始电位，0.60V；终止电位，−0.120V；开关电位 1，−0.120V；开关电位 2，0.60V；等待时间，3~5s；扫描速度，根据实验需要设定；灵敏度选择，10μA；滤波参数，50Hz；放大倍数，1。

1. 线性扫描伏安法实验：

（1）以 1.0×10^{-3} mol/L $K_3[Fe(CN)_6]$ 溶液为实验溶液。分别设定扫描速度（V/s）为：0.02、0.05、0.10、0.20、0.30、0.40、0.50 和 0.60，记录线性扫描伏安图，将从上面各图中得到的实验记录结果填入表 9.3。扫描速度为 0.30 V/s 的伏安图如图 9.1 所示。

表 9.3 数据记录

扫描速度(A/s)	0.02	0.05	0.10	0.20	0.30	0.40	0.50	0.60
峰电流(i_p)/μA								
峰电位(E_p)/V								

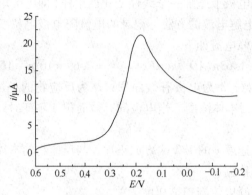

图 9.1 线性扫描伏安图

（2）配制系列浓度的 $K_3[Fe(CN)_6]$ 溶液（mol/L）（含 0.1mol/L 的 KCl）：1.0×10^{-3}、2.0×10^{-3}、4.0×10^{-3}，6.0×10^{-3}、8.0×10^{-3}、1.0×10^{-2}。固定扫描速度为 0.10V/s，记录各个溶液的线性扫描图。将各实验结果填入表 9.4 中。

表 9.4 数据记录

浓度/(mol/L)	1.0×10^{-3}	2.0×10^{-3}	4.0×10^{-3}	6.0×10^{-3}	8.0×10^{-3}	1.0×10^{-2}
峰电流(i_p)/μA						

2. 循环伏安法实验：

以 1.0×10^{-3} mol/L $K_3[Fe(CN)_6]$ 溶液为实验溶液，改变扫描速度，将实验结果填入表 9.5 中。扫描速度为 0.10 V/s 的循环伏安图如图 9.2 所示。

表 9.5 数据记录

扫描速度(A/s)								
峰电流之比(i_{pc}/i_{pa})/μA								
峰电位之差(ΔE_p)/mV								

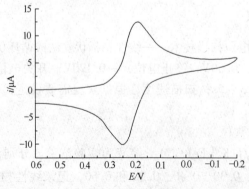

图 9.2 循环伏安图

148

五、数据记录及结果分析

1. 将表中的峰电流对扫描速度 v 的 1/2 次方作图($i_p - v^{1/2}$)得到一条直线,说明什么问题?

2. 将表中的峰电位对扫描速度作图($E_p - v$),并根据曲线解释电极过程。

3. 将表中的峰电流对浓度作图($i_p - c$)将得到一条直线。试解释之。

4. 表中的峰电流之比值几乎不随扫描速度的变化而变化。并且接近于 1,为什么?

5. 以表中的峰电位之差值 对扫描速度作图($\Delta E_p - v$),从图上能说明什么问题?

六、思考题

1. 请就图 9.2 简述循环伏安法的原理、步骤及各部分曲线的含义。

2. 简述可逆电极过程的诊断标准。

3. 简述利用线性扫描伏安法进行定量分析的理论依据。

附录:电化学分析系统简介

电化学工作站见图 9.3、图 9.4。

图 9.3 Reference 600 电化学工作站

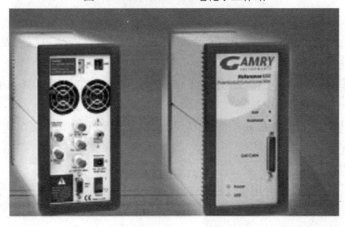

图 9.4 Reference 600 电化学工作站主机前、后面板

1. 安装顺序：

（1）安装 Gamry Framework™ 软件。在安装过程中，也将安装已购买的 Gamry 软件包，例如 DC105 直流腐蚀技术和 EIS300 电化学阻抗谱软件。

（2）连接 Reference 600™ 恒电位仪到计算机。当连接了 USB 并打开仪器电源，操作系统和 Gamry 软件将自动识别电化学工作站。

（3）完成软件安装。安装软件和仪器后重启计算机即可。

（4）用模拟电化学池标定恒电位仪。

（5）用模拟电化学池做选做的测试。

当前四项完成，Reference 600 电化学工作站即可使用。

可以用 Gamry 软件包做实验和采集数据。具体用法请参考操作手册。

2. 安装 Gamry Framework 和软件包：

（1）启动安装过程：

① 将 Gamry 软件 CD 放入光驱。Gamry 的安装页面将自动显示于网页浏览器中。

② 如果软件安装页面没有出现，请从源文件开始安装。

③ 点击 Framework Setup 链接启动安装向导。安装步骤和普通软件的安装过程相似。下面的部分将介绍两个特殊的界面，见图 9.5。

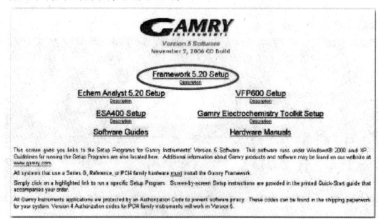

图 9.5　Gamry 软件界面

（2）选择要安装的软件包

当到图 9.6 所示的界面时，选中所有要安装的软件包。在安装过程需要为所选的软件包输入授权码，这些授权码需要购买。

指定线路频率，确保选择适当的交流线路频率。例如，在美国选择 60Hz，在欧洲选择 50Hz。而在中国，需要选择 50Hz。

完成安装，从光驱中取出 Gamry CD，先不用重启计算机，接下来在这台计算机上安装恒电位仪。

（3）连接恒电位仪：

准备工作：①找到一个可用的 USB 端口；②找到一个可用的交流电出口；③开启计算机。

连接 USB 线到计算机、连接 USB 线到 Reference 600、连接电源适配器到交流电源、连接电源线到恒电位仪后面板、安装电极引线到恒电位仪（①连接电极引线到 Reference 600 前

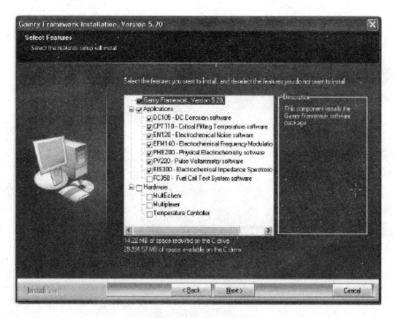

图9.6 软件包界面

面板的 25 针的 D 型连接器，②用螺丝确保连接器的连接安全）。

（4）开启恒电位仪：打开仪器后面板的电源开关。仪器前面板的蓝色 LED 闪三次，然后持续发光。计算机开机后，绿色 LED 也会发光并持续发光。

确保 Windows 系统探测到恒电位仪：

① 将 Gamry CD 放入光驱，开启计算机。

② 计算机将探测到仪器。

如果运行 Windows XP，将通过"发现新硬件向导"来安装恒电位仪。当问关于连接到互联网时，选择"否"。当问关于搜索计算机自动加载驱动时，选择"是"。通过该向导，进行下一步。如果运行 Window 2000，确认提示信息并进行下一步。

③ 如果探测到仪器，取出 Gamry CD。或者，如果没有找到仪器，试试这样做：拔掉连接到 Reference 600 上的 USB 线，重启计算机，等 Windows 正常启动后，再关闭计算机。重新插入 USB 线，开启计算机。

（5）完成软件安装：在 Label 框里为恒电位仪指派标签，默认的标签是仪器型号加上其序列号，图9.7。

（6）输入授权码：

① 在 Gamry CD 光盘的包装袋上可以找到 10 位授权码。

② 在 Device Settings 窗口，点击 Add 按钮进入授权码输入窗口。输入软件包的名称和对应的授权码。按 OK。重复此步骤安装其他授权码。授权码与仪器的序列号相对应。见图9.8。

③ 为恒电位仪加上标签并输入所有授权码之后，点 Finish。见图9.9。

提示：如果你想在安装之后改恒电位仪的名称或者输入的授权码，用恒电位仪的属性窗口可以完成。

编辑恒电位仪的属性：

① 选择开始 > 控制面板 > 系统，打开系统属性。

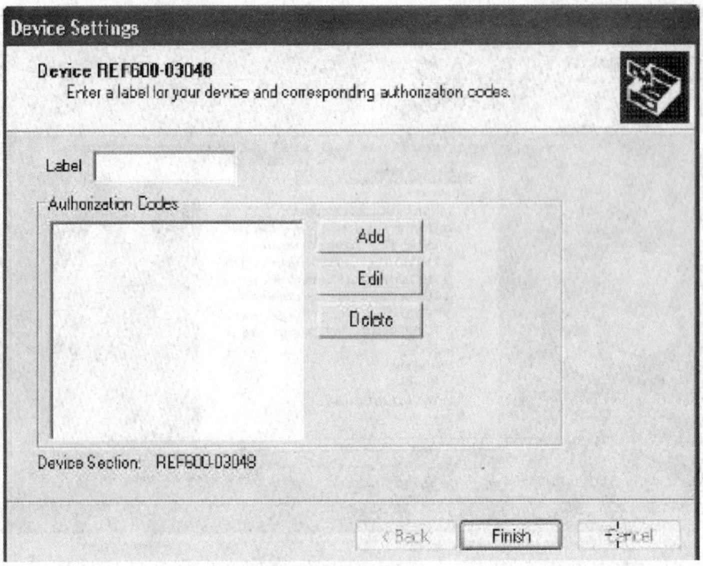

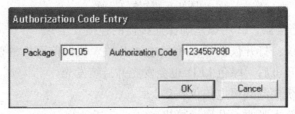

图9.7 指派标签

图9.8 授权码与仪器的序列号窗口

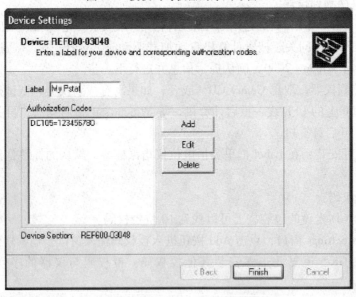

图9.9 加上标签、输入所有授权码窗口

② 在系统属性的硬件标签下，点击设备管理器，打开设备管理器。

③ 在设备管理器窗口中，扩展"Gamry Instruments Devices"列表。

④ 右键点击当前恒电位仪的名称，显示一个菜单。

⑤ 从菜单中选择"Properties"。

⑥ 按需要编辑属性。

⑦ 点击 OK 保存改变的属性。

（7）标定：

打开 Gamry Framework，安装 Gamry Framework 软件之后会有两个新图标出现在桌面上：Gamry Framework 和 My Gamry Data。

用 Gamry Framework 图标打开 Gamry Framework 软件和 Framework 主窗口。

用 My Gamry Data 图标访问实验数据的默认位置。可以用 Framework 的 Options 菜单为实验数据指定不同的位置。

确保 Framework 识别恒电位仪：

a. 看 Framework 屏幕左上角，当 Framework 第一次打开会显示"Initializing Devices"。

b. 恒电位仪初始化之后，"Devices Present"这一行会显示恒电位仪的名称。一个绿色的"虚拟 LED"会显示，作为仪器可用的标志。

当恒电位仪正在使用，虚拟 LED 变成黄色，见图 9.10。

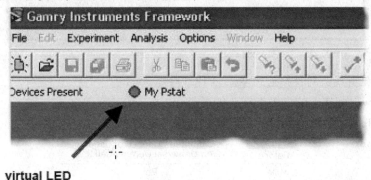

图 9.10　虚拟 LED 窗口

c. 如果恒电位仪的名称显示了并且虚拟 LED 是绿色的，就可以按照下面部分的描述标定恒电位仪。

d. 可是，如果恒电位仪的名称没有显示，Reference 600 可能没有正确安装。检查电源连接和 USB 线。确保计算机上的 USB 连接器可用。

核实仪器电源和 USB LED 是亮的。

① 标定准备：在使用一台新的恒电位仪之前，必须用和恒电位仪一起运来的模拟电化学池做标定。

每六个月或者移动恒电位仪到不同的环境，重新标定恒电位仪。

a. 预热 Reference 600 至少 30min。

b. 在噪声环境，需要制作或者购买法拉第笼。

c. 确保电极引线稳固地连接到将要标定的恒电位仪。

② 开始标定：Framework 里 Experiment 菜单下的 Utilities 子菜单始终可用。Utilities 子菜单始终包括 Calibrate Instrument 选项。Experiment 菜单下的其他子菜单必须获得授权才可用。

a. 打开恒电位仪标定窗口，从 Framewok 菜单栏，选择 Experiment > Utilities > Cali-brate Instrument。

b. 在恒电位仪窗口选择要标定的恒电位仪的名称。一般用户只有购买一台恒电位仪，不用选择。这一步骤省略。

c. 选择标定类型"Both"，图 9.11。

d. 点击 OK。

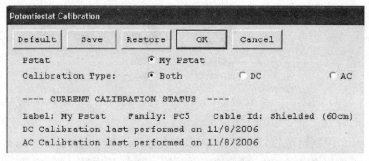

图 9.11　标定窗口

3. 连接电极引线头到模拟电化学池(UDC3)：

参考 Gamry 鼠标垫上的电极引线头的颜色。

（1）按照下面的颜色与电极的对应方式连接，见图 9.12。

Clip Color	Calibration Connector Label on Universal Dummy Cell 3
white	Ref
red	Counter
orange	C.Sense
blue	W.Sense
green	Work

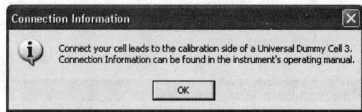

图 9.12　电极连接

（2）如果使用法拉第笼（推荐），见接地说明。

（3）当恒电位仪连接到 Universal Dummy Cell（模拟电化学池）后，可以开始标定：

a. 在 Calibration Information 窗口，点击 OK。显示 Performance Tips 窗口，图9.13。

b. 在 Performance Tips 窗口点击 OK。

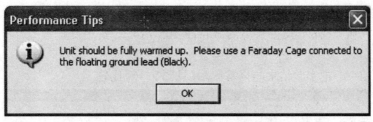

图9.13　Performance Tips 窗口

c. 确认选中的恒电位仪的标定窗口的虚拟 LED 变黄。

d. 等待标定过程结束。

（4）等待完成：

在标定过程的主要部分，不需要任何操作，大约花费 10min。在标定过程中，一系列数据会出现在 Framework 窗口。接近标定结束，会问是否标定"thermocouple input"。大多数可以用户选择"No"，在这一点标定将完成。如果选择"Yes"，依照画面上的指示校准热电偶。标定结束，会显示下面介绍的两条消息中的一条。

如果标定成功，将看到"Calibration Complete"，见图9.14。

如果标定不成功，将看到一条错误信息表明测试失败，测量值在正当范围之外。点击"Ignore"清除信息（图9.15）。

Message Displayed Following Successful Calibration

图9.14　标定成功窗口

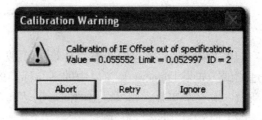

Example of Message Displayed Following Unsuccessful Calibration

图9.15　标定失败窗口

（5）标定结果：

标定结果默认存放在"My Gamry Data"文件夹，文件名是"calibration results < SN >. txt"，< SN > 是 Reference 600 的序列号。重新标定仪器，原先的标定结果将被覆盖。

（6）标定不成功：

如果标定不成功，按照如下顺序检查后点击"Retry"再试一次。

① 确保电极引线稳固地连接到恒电位仪。

② 检查电极引线是否正确连接到模拟电化学池（如果怀疑，核对 Gamry 鼠标垫上的色码）。

③ 模拟电化学池的底部不能接触金属表面。

同样，Reference 600 需要预热，然后，再试一次。如果你核查了上面的事项并且 Refer-

155

ence 600 完全预热，而标定再次失败，然后，用法拉第笼再试一次。如果标定失败了三次，即使用了法拉第笼，请联系仪器公司。

4. 选做的测试：

（1）DC105"Check105"Test：

① 连接电极引线到模拟电化学池的 DC Corrosion 一边。

② 运行存放在"Scripts"文件夹下的"Check 105. exp"。不用设置参数，但是需要为结果文件指定名称。

③ 当实验结束，把实验结果与屏幕截图（见图 9.16）比较。

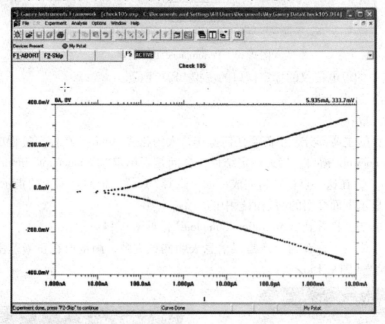

图 9.16　Check105 窗口

如果 Framework 窗口中的图与标准的相似并且所有原始数据在 500mV 之内，恒电位仪通过测试。如果 Framework 窗口中的图与标准的不太相似，把模拟电化学池放到法拉第笼中重新做一次这个实验。如果得出的图形仍然和公司的不相似，请联系 GAMRY 公司。

（2）EIS300"Check300"测试：

① 连接电极引线到模拟电化学池的 EIS 边。

② 运行"Scripts"文件夹中的"Check300. exp"。不用设置参数。实验结果数据自动命名为"Check300. dta"。

③ 当实验结束，把实验结果与屏幕截图（见图 9.17）比较。

如果 Framework 窗口中的图与公司的相似，恒电位仪通过测试。如果 Framework 窗口中的图与公司的不太相似，把模拟电化学池放到法拉第笼中重新做一次这个实验。如果得出的图形仍然和公司的不相似，请联系公司。

5. Gamry Echem Analyst 安装：

（1）开始安装步骤：

① 将 Gamry 软件 CD 放入光驱。Gamry 安装页面会自动显示在网页浏览器上。

② 点击 Echem Analyst Setup 链接启动安装向导。安装过程与一般的软件安装相似。下面说明一下一个 Gamry 特殊安装页面。

156

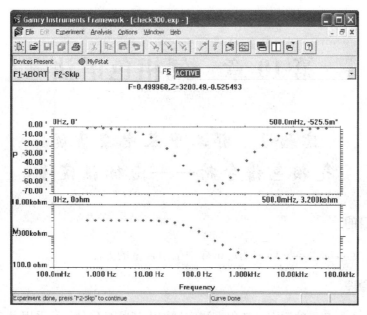

图 9.17　Check300 窗口

（2）选择功能：

当看到选择功能的安装页面，选择所有的安装到 Gamry Framework 的软件包，图 9.18。

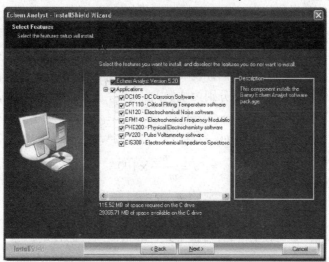

图 9.18　到 Gamry Framework 的软件包窗口

（3）完成安装：

① 阅读 Readme 文件。

② 从光驱中取出 Gmary CD。

（4）访问 Gamry Echem Analyst：

安装 Gamry Echem Analyst 软件后，桌面上出现新的图标：Echem Analyst

Echem Analyst

也可以通过开始→程序→Gamry Instruments 打开 Gamry Echem Analyst 主窗口。

第 10 章 气相色谱法

实验 1 邻二甲苯中杂质的气相色谱分析——内标法定量

一、实验目的

学习内标法定量的基本原理和测定试样中杂质含量的方法。

二、基本原理

对于试样中少量杂质的测定，或仅需测定试样中某些组分时，可采用内标法定量。用内标法测定时需在试样中加入一种物质作内标，而内标物质应符合下列条件：

(1) 应是试样中不存在的纯物质；

(2) 内标物质的色谱峰位置，应位于被测组分色谱峰的附近；

(3) 其物理性质及物理化学性质应与被测组分相近；

(4) 加入的量应与被测组分的量接近。

设在质量为 $m_{试样}$ 的试样中加入内标物质的质量为 m_s，被测组分的质量为 m_i，被测组分及内标物质的色谱峰面积(或峰高)分别为 A_i，A_s(或 h_i，h_s)，则 $m_i = f_i A_i$，$m_s = f_s A_s$

$$\frac{m_i}{m_s} = \frac{f_i A_i}{f_s A_s}, \quad m_i = m_s \frac{f_i A_i}{f_s A_s}$$

$$c_i\% = \frac{m_i}{m_{试样}} \times 100$$

$$c_i\% = \frac{m_s}{m_{试样}} \frac{f_i A_i}{f_s A_s} \times 100$$

若以内标物质作标准，则可设 $f_s = 1$，可按下式计算被测组分的含量，即

$$c_i\% = \frac{m_s}{m_{试样}} \frac{f_i A_i}{A_s} \times 100$$

或

$$c_i\% = \frac{m_s}{m_{试样}} \frac{f_i' h_i}{h_s} \times 100$$

式中 f_i' 为峰高相对质量校正因子。

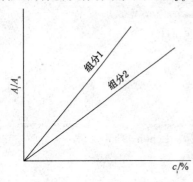

图 10.1 内标标准曲线

也可配制一系列标准溶液，测得相应的 A_i/A_s(或 h_i/h_s)绘制 $A_i/A_s \sim \% c_i$ 标准曲线，如图 10.1 所示。这样可在无需预先测定 f_i(或 f_i')的情况下，称取固定量的试样和内标物质，混匀后即可进样，根据 A_i/A_s 之值求得 $c_i\%$。

内标法定量结果准确，对于进样量及操作条件不需严格控制，内标标准曲线法更是用于

工厂的操作分析。

本试验选用甲苯作内标物质，以内标标准曲线法，测定邻二甲苯中苯、乙苯、1,2,3 - 三甲苯的杂质含量。

三、仪器与试剂

1. 仪器：气相色谱仪(任一型号)、色谱柱、氮气或氢气钢瓶、微量进样器(10μL)、医用注射器(5mL，10mL)。

2. 试剂：苯、甲苯、乙苯、邻二甲苯、1,2,3 - 三甲苯、乙醚等均为分析纯。

3. 按下表配制一系列标准溶液，分别置于 5 只 100mL 容量瓶中，混匀备用。

编 号	苯/g	甲苯/g	乙苯/g	邻二甲苯/g	1,2,3 - 三甲苯/g
1	0.66	3.03	2.16	38.13	2.59
2	1.32	3.03	4.32	38.13	5.18
3	1.98	3.03	6.48	38.13	7.77
4	2.64	3.03	8.64	38.13	10.36
5	3.30	3.03	10.80	38.13	12.95

四、实验条件

1. 固定相：邻苯二甲酸二壬酯：6201 担体(15:100)，60~80 目。

2. 流动相：氮气，流量为 15mL/min。

3. 柱温：110℃。

4. 汽化温度：150℃。

5. 检测器：热导池，检测温度 110℃。

6. 桥电流：110mA。

7. 衰减比：1/1。

8. 进样量：3μL。

9. 记录仪：量程 5mV，纸速 600mm/h。

五、试验步骤

1. 称取未知试样 11.06 g 于 25mL 容量瓶中，加入 0.61g 甲苯，混匀备用。

2. 实验条件，将色谱仪按仪器操作步骤调节至可进样状态，待仪器的电路和气路系统达到平衡，记录仪上的基线平直时，即可进样。

3. 依次分别吸取上述各标准溶液 3~5μL 进样，记录色谱图。重复进样两次。进样后及时在记录纸上，在进样信号处标明标准溶液号码，注意每做完一种标准溶液需用后一种待进样标准溶液洗涤微量进样器 5~6 次。

4. 在同样条件下，吸取已配入甲苯的未知试液 3μL 进样，记录色谱图，并重复进样两次。

5. 如果条件允许，在指导教师许可下，适当改变柱温(但不得超过固定液最高使用温度)进样实验，观察分离情况。例如，改变 ±10℃。

六、数据及处理

1. 记录实验条件:
（1）色谱柱的柱长及内径;
（2）固定相及固定液与担体配比;
（3）载气及其流量;
（4）柱前压力及柱温;
（5）检测器及检测温度;
（6）桥电流及进样量;
（7）衰减比。

2. 测量各色谱图上各组分色谱峰高 h_i 值，并填入下表中。

编 号	$h_苯$/mm				$h_{甲苯}$/mm				$h_{乙苯}$/mm				$h_{1,2,3-三甲苯}$/mm			
	1	2	3	平均值	1	2	3	平均值	1	2	3	平均值	1	2	3	平均值
1																
2																
3																
4																
5																
未知																

以甲苯作内标物质，计算 m_i/m_s，h_i/h_s 值，并填入下表中。

编 号	苯/甲苯		乙苯/甲苯		1,2,3-三甲苯/甲苯	
	m_i/m_s	h_i/h_s	m_i/m_s	h_i/h_s	m_i/m_s	h_i/h_s
1						
2						
3						
4						
5						
未知试样						

绘制各组分 $h_i/h_s \sim m_i/m_s$ 的标准曲线图。

根据未知试样的 h_i/h_s 值，于标准曲线上查出相应的 m_i/m_s 值。

按下式计算未知试样中苯、乙苯、1,2,3-甲苯的百分含量。

$$c_i\% = \frac{m_s}{m_{试样}} \frac{m_i}{m_s} \times 100$$

160

七、思考题

1. 内标法定量有何优点，它对内标物质有何要求？

2. 实验中是否要严格控制进样量，实验条件若有所变化是否会影响测定结果，为什么？

3. 在内标标准曲线法中，是否需要应用校正因子，为什么？

4. 试讨论色谱柱温度对分离的影响。

实验2 气相色谱法测定混合醇

一、实验目的

1. 了解气相色谱仪的基本结构、性能和操作方法。

2. 掌握气相色谱法的基本原理和定性、定量方法。

3. 学习纯物质对照定性和归一化法定量。

二、实验原理

色谱法具有极强的分离效能。一个混合物样品定量引入合适的色谱系统后，样品在流动相携带下进入色谱柱，样品中各组分由于各自的性质不同，在柱内与固定相的作用力大小不同，导致在柱内的迁移速度不同，使混合物中的各组分先后离开色谱柱得到分离。分离后的组分进入检测器，检测器将物质的浓度或质量信号转换为电信号输给记录仪或显示器，得到色谱图。利用保留值可定性，利用峰高或峰面积可定量。

三、仪器与试剂

仪器：配有 FID 的气相色谱仪；微量注射器 $1\mu L$。

试剂：乙醇、正丙醇、异丙醇、正丁醇，均为优级纯(有条件的最好用色谱纯)。

四、实验内容

1. 色谱条件：

色谱柱　OV－101 弹性石英毛细管柱　$25m \times 0.32mm$；

柱温 $150℃$；检测器 $200℃$；汽化室 $200℃$；

载气：氮气，流速 $1.0cm/s$。

2. 实验内容：

开启气源(高压钢瓶或气体发生器)，接通载气、燃气、助燃气。打开气相色谱仪主机电源，打开色谱工作站、计算机电源开关，联机。按上述色谱条件进行条件设置。温度升至一定数值后，进行自动或手动点火。待基线稳定后，用 $1\mu L$ 微量注射器取 $1\sim3\mu L$ 含有混合醇的水样注入色谱仪，同时按下计时器，记录每一色谱峰的保留时间 t_R。重复 3 次。

在相同色谱条件下，取少量(约 $0.5\mu L$)纯物质注入色谱仪，每种物质重复做 3 次。记录纯物质的保留时间 t_R。

五、实验结果记录与计算

1. 纯物质对照定性。

水样中各峰 t_R/min	峰 1		峰 2		峰 3		峰 4	
纯物质 t_R/min	乙醇		正丙醇		异丙醇		正丁醇	
定性结论 组分名称	峰 1		峰 2		峰 3		峰 4	

2. 面积归一化法定量。

组 分	乙 醇	正丙醇	异丙醇	正丁醇
峰高/mm				
半峰宽/mm				
峰面积/mm²				
含量/%				

将计算结果与计算机打印结果比较。

六、思考题

1. 本实验中是否需要准确进样？为什么？
2. FID 检测器是否对任何物质都有响应？

实验3 气相色谱法测定白酒中乙酸乙酯

一、实验目的

了解气相色谱法在食品分析中的应用及分析步骤。

二、实验原理

不同组分在气液两相中具有不同的分配系数，经多次分配达到完全分离，在氢火焰中电离进行检测，采用内标法进行定量分析。

三、仪器与试剂

1. 仪器：气相色谱仪，配有氢火焰离子化检测器；微量注射器，10μL。
2. 试剂：乙酸乙酯(色谱醇)，2%溶液(用60%乙醇配置)；乙酸正丁酯(色谱醇)在邻苯二甲酸二壬酯-吐温混合柱上分析时，作内标用，2%溶液(用60%乙醇配置)；乙酸正戊酯(色谱醇)在聚乙二醇柱上分析时，作内标用，2%溶液(用60%乙醇配制)。

载体：Chromosorb W（AW）或 白色载体 102（酸洗，硅烷化），80～100 目。

固定液：20% DNP（邻苯二甲酸二壬酯 + 7% 吐温 - 80；10PEG（聚乙二醇）1500 或 PEG 20M。

四、实验内容与步骤

1. 色谱柱与色谱条件：

采用邻苯二甲酸二壬酯 - 吐温混合柱或聚乙二醇（PEG）柱，柱长不应短于 2m，载气：氢气，空气的流速及柱温等条件随仪器而异，应通过试验选择最佳条件，以使乙酸乙酯及内标峰与酒样中其他组分峰获得完全分离。

2. 标样 f 值得测定：

吸取 2% 的乙酸乙酯溶液 1.00mL，移入 50mL 容量瓶中，然后加入 2% 的内标液 1.00mL，用 60% 乙醇稀释至刻度。上述溶液中乙酸乙酯及内标的浓度为 0.04%（体积分数）。待色谱仪基线稳定后，用微量注射器进样，进样量随仪器的灵敏度而定。记录乙酸乙酯峰的保留时间及其峰面积，用其峰面积与内标峰面积之比，计算出乙酸乙酯的相对质量校正因子 f 值。

3. 样品的测定：

吸取酒样 10.0mL，移入 2% 的内标液 0.20mL，混匀后，在与 f 值测定相同的条件下进样，根据保留时间确定乙酸乙酯峰的位置，并测定乙酸乙酯峰面积与内标峰面积，求出峰面积之比，计算出乙酸乙酯的含量。

五、思考题

1. 内标法定量有何优点，他对内标物有何要求？
2. FID 检测器是否对任何物质都有相应？
3. 试述色谱柱温对分离的影响？

实验 4 毛细管气相色谱法
测定二甲苯异构体的含量

一、实验目的

1. 了解毛细管色谱法的分离原理、特点及其与填充柱色谱柱的区别。
2. 掌握归一化法进行定量分析的原理。

二、实验原理

含二甲苯异构体的试样进入色谱柱被固定液溶解或吸附，随着载气的不断流过，被溶解或吸附的组分又从固定相中挥发或脱附。由于载气的不断流动，溶解 - 挥发，吸附 - 脱附的过程反复进行，经过一定柱长后，性质不同的组分就被分离，采用绝对峰面积归一化法，可确定样品中邻、间、对二甲苯的含量。

三、仪器与试剂

1. 气相色谱仪：配有毛细管分流进样系统，程序升温功能，氢火焰离子化检测器和色谱数据处理工作站；1μL 微量注射器。

2. 色谱条件：色谱柱：PEG－20M 交联弹性石英毛细管柱，柱内径 0.32mm，柱长 30m，液膜厚度 0.25～0.30μm；检测器：氢火焰离子化检测（FID）；柱温：70℃恒温 5min 后，以速度 5℃/min 程序升温至 140℃；检测室、汽化室：250℃。载气：N_2；流速：2～5mL/min；尾吹：40mL/min；空气：450mL/min；氢气：40mL/min。进样量：0.1μL；衰减：自选。

3. 邻、间、对二甲苯标准品（色谱醇）及混合二甲苯样品，分别以正己烷为溶剂配制 10%（质量分数）溶液。

四、实验步骤

1. 毛细管柱的安装及参数设定。
2. 依次进样 0.1μL 的纯邻、间、对二甲苯标准溶液，测定各自的保留时间 t_R。
3. 在相同条件下。进样 0.2μL 混合二甲苯样品溶液。

五、结果处理

1. 利用保留时间对样品进行定性分析。
2. 采用绝对峰面积归一化法，确定样品中各物质的含量。

六、思考题

1. 氢火焰离子化检测器的原理是什么？
2. 毛细管色谱柱和填充柱色谱的区别是什么？性能上有何差别？
3. 能否以毛细管柱完全代替填充柱？

附录：气相色谱简介

1. 气相色谱仪的结构及工作原理：

（1）气相色谱仪的工作原理：

气相色谱仪主要由气路系统、进样系统、分离系统、检测系统、温控系统等部分组成。其工作原理是：载气由高压钢瓶中流出，通过减压阀、净化器、稳压阀、流量计，以稳定的流量连续不断地流经进样系统的汽化室，将汽化后的样品带入色谱柱中进行分离，分离后的组分随载气先后流入检测器，检测器将组分浓度或质量信号转换成电信号输出，经放大由记录仪记录下来，得到色谱图。

（2）气相色谱仪的仪器结构：

① 气路系统。气路系统的主要部件及流程见图 10.2 所示。

气相色谱仪的流动相多用高压气瓶作气源，经减压阀把气瓶中 15MPa 的压力减到0.4～0.6MPa，通过专用净化器（一般为 20～25cm 长×45mm 内径的金属管，内装 5A 分子筛，除去载气中的水分和杂质）到稳压阀，保持气流压力稳定。程序升温用气相色谱仪，有时还要有稳流阀，以便在柱温升降时可保持气流稳定。压力表或流量计可指示载气的流量或流速。汽化室是液体或固体样品进行汽化。毛细管气相色谱仪与填充柱气相色谱仪不同之处是：进样系统复杂，如在汽化室中安装分流/不分流系统，使用冷柱头进样系统；另外在毛细管色谱柱末端进入检测器时还要增加一个补充气的管线以保证良好的分析效果。

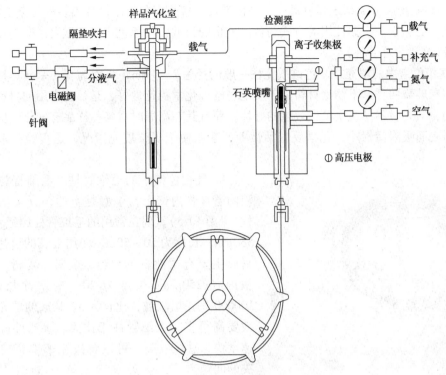

图 10.2　气相色谱气路控制图

② 进样系统。一般进样系统包括进样器和汽化室两部分(见图 10.3)。进样器有注射器，进样阀等手动进样器及自动进样器等。注射器可用于常压气体样品也可用于液体样品，其操作简单灵活，但手动进样时误差较大。

气体进样多用六通阀定体积进样器，其工作原理如图 10.4 所示。六通阀如处于取样位置时[图 10.4(a)]，载气经 1，2 通道直接入色谱柱，无样品进入色谱仪，气体样品经通道 5 流入接在通道 3，6 上的定量管 7 中进通道 4 流出，使定量管充满样品。把六通阀从取样位置旋转 60° 后到进样位置[图 10.4(b)]，载气经 1，6 通道和定量管 7 相连接，把定量管中的样品经 3，2 两通道带到色谱柱中，定量管的体积可根据需要进行选择。

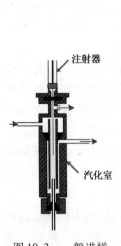

图 10.3　一般进样
系统示意图

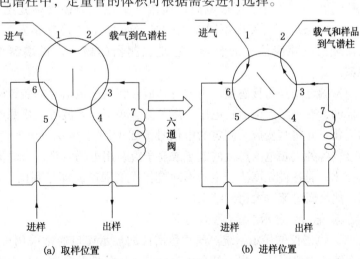

图 10.4　六通阀工作原理图

165

③ 分离系统。分离系统即色谱柱,是色谱仪的核心部分,用以分离各种复杂的混合物,是分离成败的关键。根据使用的方式与色谱分析的目的,气相色谱柱大致可以分为填充柱与毛细管柱(又称为开管柱)。

a. 气相色谱中的填充柱。色谱填充柱一般内径为 2 ~ 4mm,长度为 0.5 ~ 5m。材料主要有不锈钢和玻璃两种。不锈钢材料由于质地坚硬、化学稳定性好,是目前常用的材料,但因其不透明,填充时不易观察填充效果的好坏,而且其在高温时对某些样品有催化效应。硬质玻璃材料表面吸附活性小,化学反应活性差,透明便于观察填充情况,是实验室常备的色谱柱。

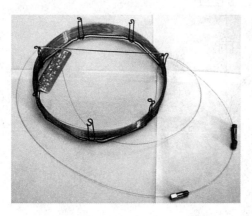

图 10.5 气相色谱毛细管柱

b. 气相色谱中的毛细管柱。毛细管柱的固定液附着在管内壁上,中心是空的,故又称为开管柱(见图 10.5)。现在常用的毛细管柱内径为 250 ~ 530μm,长度为 10 ~ 50m,使用最长的可达 100m,材质主要有柔性石英材料、金属、玻璃。目前一根内径 250μm,长度为 20m 的壁涂层柱约有 100000 理论塔板数,比长为 5 ~ 10m 的填充柱的柱效要高得多。毛细管柱相比大、渗透性好、分析速度快、总柱效高,可以解决原来填充柱不能解决的问题。

毛细管柱比经典填充柱的柱效高几十倍到上百倍,几乎完全代替填充柱,广泛应用于石油化工、环境科学、食品科学、医药卫生等领域,用来分析组成极为复杂的混合物和痕量物质,从此开创了气相色谱的新纪元。

④ 检测系统。检测器通常由两部分组成:传感器和检测电路。

传感器是利用被测物质的各种物理性质、化学性质以及物理化学性质与载气的差异,来感应出被测物质的存在及其量的变化。如热导检测器(TCD)就是利用被测物质的热导率和载气热导率的差异;氢火焰离子化检测器(FID)、氮磷检测器(NPD)等都是利用被测物质在一定条件下可被电离,而载气不被电离;火焰光度检测器(FPD)是利用被测物质在一定条件下可发射不同波长的光,而载气(N_2)却不发光的。所以,传感器是将被测物质变换成相应信号的装置。它是检测器的核心,检测器性能的好坏,主要取决于传感器。

检测电路是将传感器产生的各种信号转变成电信号的装置。从传感器送出的信号是多种多样的,有电阻、电流、电压、离子流、频率、光波等。检测电路的作用是测定出这些参数的变化,并将其变成可测定的电信号。如 TCD 中热丝阻值的变化,利用惠斯顿电桥变成电信号;各种气相电离产生的电子或离子流,用电场收集、微电流放大器放大后,才显示出它的变化;而各种光度法产生的不同波长光的强度,即是利用光电倍增管或 PDA 进行光电转换,然后微电流放大得到结果。

⑤ 记录、显示系统(数据处理系统)。

a. 色谱仪的显示系统。气相色谱仪的显示窗口通常采用可容纳大信息量的大型显示器与图解式人机对话方式,具有快速设定分析条件及参数、操作直观、简单等特点。具有自检功能,确认装置运行是否正常,可详细的检查隔垫、衬管等的使用状况;温度传感器的状况；供气压力、各种气体的控制状况等。图 10.6 是岛津 GC－2010 气相色谱仪上的显示窗口。

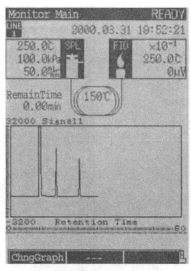

图 10.6　岛津 GC－2010 气相色谱仪的显示窗口

b. 记录及数据处理系统。色谱仪检测信号最原始的记录装置是记录仪，记录仪就是常用的自动平衡电子电位差计，它可以把从检测器来的电压信号记录成为电压随时间变化的曲线，并绘制到纸上。并没有对色谱数据处理，需要人工再测量谱峰或面积。计算积分仪则是现今更为普遍使用的色谱数据处理装置，这种装置一般包括一个微处理器，前置放大器，自动量程切换电器，电压－频率转换器，采样控制器，计数器及寄存器，打印机，键盘和状态指示器等。数据处理系统或色谱工作站是一种专用于色谱分析的微机系统，将通用的个人电脑从硬件上和软件上进行扩充，使之实现信号采集、数据处理和仪器动作控制的系统。

2. 气相色谱工作站简介：

以岛津公司气相色谱 GCsolution 工作站为例，介绍工作站的主要功能和操作，软件界面见图 10.7。

（1）GC 实时分析：

在软件操作界面，点击"仪器 1"图标（见图 10.8），进入 GC 实时分析。

图 10.7　岛津公司气相色谱 GCsolution 工作站

图 10.8　进入 GCsolution 实时分析操作示意图

在 GC 实时分析界面可以完成对仪器配置、分析方法条件设定、开启或关闭仪器以及数据采集等各项功能（见图 10.9）。

（2）仪器配置：

根据分析流路，进行 GC 系统模块设定，如 AOC－20i 自动进样器，SPL 进样单元，色谱柱，FID 检测器及附加设备。系统设定见图 10.10。

（3）色谱分析参数设定：

根据样品分析条件，可以分别对自动进样器、进样单元、色谱柱、检测器等各个单元的具体参数进行设定（见图 10.11）。

（4）数据采集：

工作站软件可进行单次数据采集分析（见图 10.12）和批处理采集分析（图 10.13）。

167

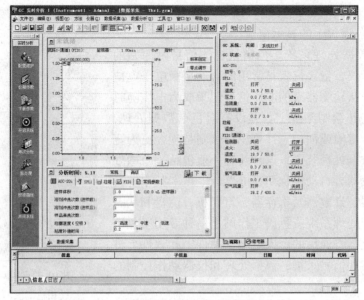

图 10.9　GCsolution 实时分析界面

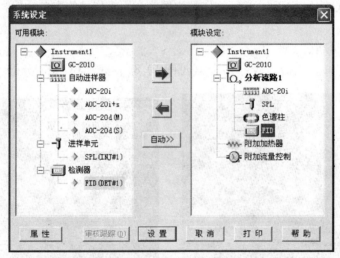

图 10.10　GCsolution 工作站软件系统模块设定界面

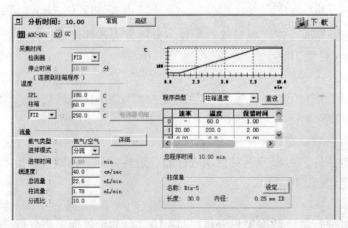

图 10.11　GC 单元模块参数设定界面

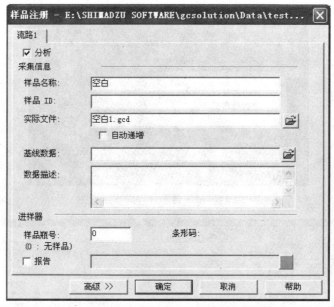

图 10.12　单次数据采集分析参数设定界面

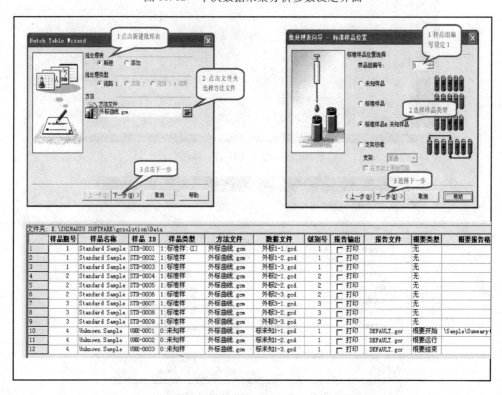

图 10.13　批处理表制作与批处理数据采集分析参数设定界面

（5）数据处理：

在软件界面，单击"再解析"图标（见图 10.14），进入再解析窗口，导入数据文件，可进行面积归一化法、外标法、内标法等定性定量分析处理。

① 面积归一法。打开数据文件（见图 10.15），通过组分表向导选择面积归一化定量方法及定量处理参数（见图 10.16），通过峰值表查看数据处理结果（见图 10.17）。

图 10.14　进入数据处理操作示意图

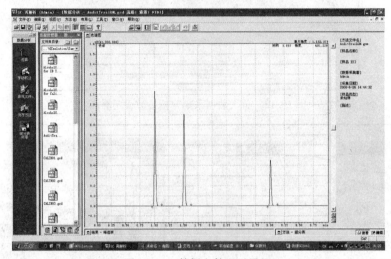

图 10.15　数据文件显示界面

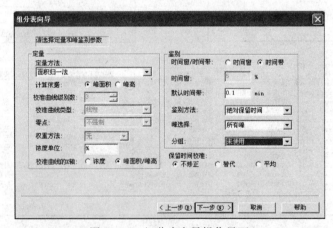

图 10.16　组分表向导操作界面

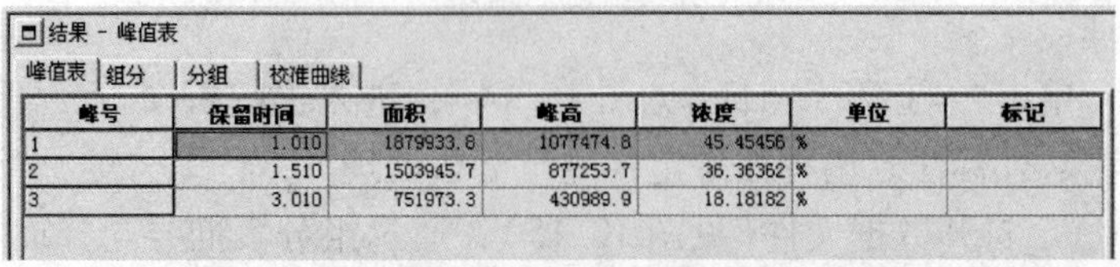

结果 - 峰值表

峰号	保留时间	面积	峰高	浓度	单位	标记
1	1.010	1879933.8	1077474.8	45.45456	%	
2	1.510	1503945.7	877253.7	36.36362	%	
3	3.010	751973.3	430989.9	18.18182	%	

图 10.17　面积归一化法数据结果显示

170

② 外标法。打开数据文件(见图10.18)，通过组分表向导选择外标法定量方法及定量处理参数(见图10.19)，运行批处理表，生成校准曲线(见图10.20)和计算结果(见图10.21)。

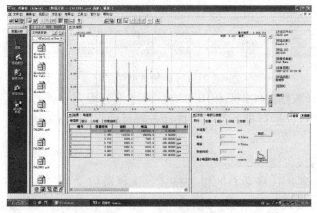

图 10.18　数据文件显示界面

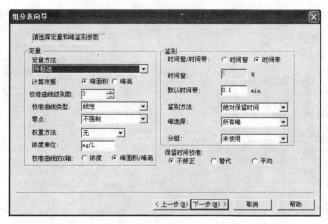

图 10.19　组分表向导操作界面

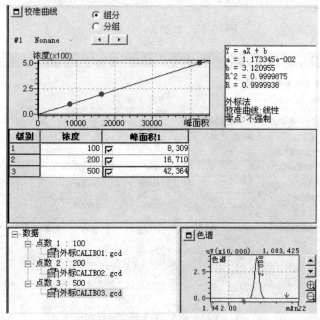

图 10.20　外标法工作曲线显示窗口

峰号	组分 ID#	组分名	保留时间	面积	峰高	浓度	单位
1			1.308	3040205.0	1083873.2	0.00000	
2			1.390	95998.9	77806.7	0.00000	
3	1	Nonane	2.091	85072.0	75243.4	1001.30992	mg/L
4	2	Decane	2.760	86838.3	69065.5	1001.77509	mg/L
5	3	Undecane	3.696	86543.4	56629.9	1003.09592	mg/L
6	4	Dodecane	4.847	92693.0	51108.3	1004.08434	mg/L
7	5	Tridecane	6.113	87122.1	44403.5	1005.14588	mg/L

图 10.21　外标法数据结果显示

③ 内标法。打开数据文件(见图 10.22),通过组分表向导选择内标法定量方法及定量处理参数(见图 10.23),运行批处理表,选择查看目标化合物工作曲线(见图 10.24)和计算结果(见图 10.25)。

(6) 分析结果与报告输出:

从数据资源管理器中选择适合的报告格式,选择数据文件,加载至"报告模版",点击打印,按照选择报告格式打印报告。此外,还有创建个性化报告格式,进行批处理打印等功能。

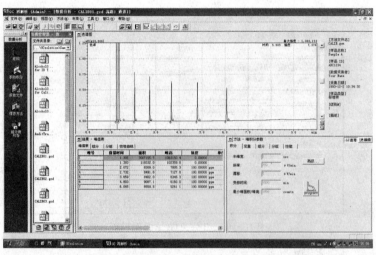

图 10.22　数据文件显示界面

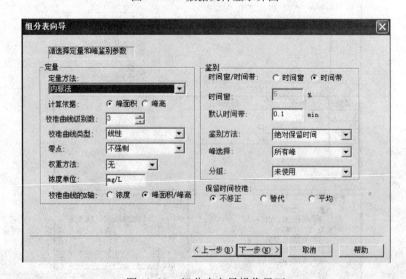

图 10.23　组分表向导操作界面

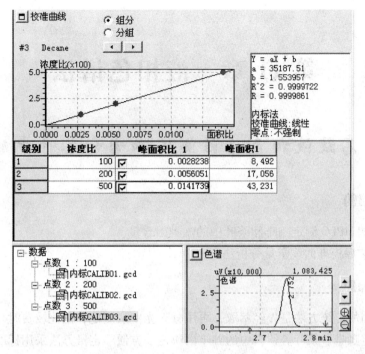

図 10.24 内标法工作曲线显示窗口

峰号	组分 ID#	组分名	保留时间	面积	峰高	浓度	单位
1	1	内标物	1.390	84058.1	73555.0	0.00000	mg/L
2	2	Nonane	2.091	85072.0	75243.4	282.84907	mg/L
3	3	Decane	2.760	86838.3	69065.5	283.02289	mg/L
4	4	Undecane	3.696	86543.4	56629.9	283.44257	mg/L
5	5	Dodecane	4.847	92693.0	51108.3	283.85468	mg/L
6	6	Tridecane	6.113	87122.1	44403.5	284.28822	mg/L

图 10.25 内标法数据结果显示

第11章　液相色谱法

实验1　高效液相色谱法测定咖啡和茶叶中的咖啡因

一、实验目的

1. 应用反相 HPLC 测定咖啡和茶叶中的咖啡因含量。
2. 进一步掌握校准曲线定量分析法。

二、实验原理

测定咖啡因的传统方法是先经萃取，再用分光光度法测定，但比较费时。应用反相高效液相色谱法测定咖啡、茶叶等饮料中的咖啡因快速、方便。定量方法采用标准曲线法，配制 5 个标准溶液，分别注入色谱仪，测得其峰面积，制得标准曲线。再注入样品溶液，由样品中咖啡因峰的面积即可从标准曲线上查得其含量。

本实验中采用 C – 18 烷基键合固定相、甲醇/水(30/70)体系为流动相进行色谱分离，高效液相色谱仪配紫外检测器测定。

三、仪器及试剂

仪器：Agilent 110 高效液相色谱仪，配 MWD 紫外检测器，Hypersil ODS 柱(4.6mm × 15mm，5μm)，进样器(25μL)，容量瓶、移液管若干，膜过滤器(0.45μm 滤膜)。

试剂：咖啡因(分析纯)，绿茶，咖啡，甲醇(色谱纯)，超纯水。

四、实验内容

1. 标准溶液配制：

将咖啡因在 110 ℃下烘干 1h。准确称量 7.0mg、14.0mg、28.0mg、35.0mg、49.0mg 的 5 份标准试样，用水溶解，并定容至 100mL 容量瓶中。

2. 样品处理：

称取干燥的并经研磨成细末的绿茶 0.5g，用新沸的开水 40mL 冲泡，并加盖闷 10min。移去上层清液后，再次用开水冲泡，闷 10min。合并两次清液于 100mL 容量瓶中，并用水稀释至刻度。取 20mL 该溶液，用膜过滤器(0.45μm 滤膜)过滤后备用。

称取咖啡 0.5g，用新沸的开水 80mL 冲泡，冷却后转移至 100mL 容量瓶中定容，然后过滤(同前)备用。

3. 设置实验条件：

检测器波长：254nm　　　　　流动相：甲醇:水 = 30:70

流速：1.0mL/min　　　　　　柱温：25℃

4. 进样及记录：

待基线平直后，分别注入标准溶液 7.0μL，记录色谱图和咖啡因保留时间。相同条件下，注入样品溶液 7.0μL，记录色谱图和保留时间，重复 2 次。

五、数据处理

1. 指出咖啡因在样品色谱图中的位置。
2. 绘制标准曲线（浓度对峰面积作图）。
3. 计算茶叶与咖啡因中的咖啡因质量浓度（mg/L）。

操作要点：为获得良好结果，各标样和样品的进样量要严格保持一致，其他同实验一。

六、思考题

1. 用标准曲线法定量的优缺点是什么？
2. 查找咖啡因的结构式。根据结构式，咖啡因能用离子交换色谱法分析吗？为什么？
3. 若标准曲线用咖啡因浓度对峰高作图，能给出准确结果吗？与本实验的标准曲线相比何者优越？为什么？

实验 2 萘、联苯、菲的高效液相色谱分析

一、实验目的

1. 掌握反相色谱技术及应用。
2. 掌握归一化定量方法。

二、实验原理

在液相色谱中，若采用非极性固定相，如十八烷基键合相，极性流动相，这种色谱法称为反相色谱法。这种分离方式特别适合于同系物、苯并系物等。萘、联苯、菲在 ODS 柱上的作用力大小不等，它们的 k' 值不等（k' 为不同组分的分配比），在柱内的移动速率不同，因而先后流出柱子。根据组分峰面积大小及测得的定量校正因子，就可由归一化定量方法求出各组分的含量。归一化定量公式为：

$$p_i\% = \frac{A_i f_i}{A_1 f_1 + A_2 f_2 + A_n f_n} \times 100\%$$

式中，A_i 为组分的峰面积；f_i 为组分的相对定量校正因子。采用归一化法的条件是：样品中所有组分都要流出色谱柱，并能给出信号。此法简便、准确，对进样量的要求不十分严格。

三、仪器与试剂

仪器：Shimadzu LC‑10A 高效液相色谱仪；紫外吸收检测器（254nm）；柱 Econo-sphereC18(3um)，10cm×4.6mm；微量注射器。

试剂：甲醇（A. R.），重蒸馏一次；二次蒸馏水；萘、联苯、菲均为 AR. 级。流动相：甲醇/水 = 88/12。

四、实验步骤

1. 按操作说明书使色谱仪正常运行，并将实验条件调节如下：柱温：室温；流动相流量：1.0mL/min；检测器工作波长：254nm。

2. 标准溶液配制：准确称取萘约0.08g，联苯0.02g，菲0.01g，用重蒸馏的甲醇溶解，并转移至50mL容量瓶中，用甲醇稀释至刻度。

3. 在基线平直后，注入标准溶液3.0μL，记下各组分保留时间。再分别注入纯样对照。

4. 注入样品3.0μL，记下保留时间。重复两次。

5. 实验结束后，按要求关好仪器。

五、结果处理

1. 确定未知样中各组分的出峰次序。

2. 求取各组分的相对定量校正因子。

3. 求取样品中各组分的百分含量。

4. 计算以萘为标准时的柱效。

注意事项：

（1）用微量注射器洗液时，要防止气泡吸入。首先将擦干净并用样品洗过的注射器插入样品液面后，反复提拉数次，驱除气泡，然后慢慢提升针芯至刻度。

（2）进样与按下计时按键要同步，否则影响保留值的准确性。

（3）室温较低时，为加速萘的溶解，可用红外灯稍稍加热。

六、思考题

1. 观察分离所得的色谱图，解释不同组分之间分离差别的原因。

2. 高效液相色谱柱一般可在室温下进行分离，而气相色谱柱则必须恒温，为什么？高效液相色谱柱有时也实行恒温，这又为什么？

3. 说明紫外吸收检测器的工作原理。

实验3 峰面积归一化测定芳香烃混合物的各组分含量

一、实验目的

1. 了解反相色谱的分离原理。

2. 进一步熟悉液相色谱仪的操作。

3. 掌握峰面积归一化定量方法。

二、实验原理

目前在高效液相色谱法的应用中，反相色谱是应用最广泛和最有效的方法。所谓反相色谱是指固定相的极性小于流动相的极性。它常用于非极性化合物和弱极性化合物的分离。由于不同的化合物与固定相之间的作用力不同，所以它们在色谱柱内移动的速率也不同。

归一化法是色谱分析中常用的定量方法。此方法简单、准确，对进样量要求并不十分严格，但要求样品中的所有组分都必须流出色谱柱，并在检测器中有响应。

首先根据公式

$$f'_i = W_i A_s / A_i W_s$$

式中，i 指样品，s 指标准品，用各组分的标准样品可求出各组分的相对校正因子 f'_i。然后根据以下公式，求出各组分含量。

$$w_i = \frac{A_i f'_i}{\sum_i A_i f'_i} \times 100\%$$

三、仪器与试剂

1. 高效液相色谱仪，紫外检测器，ODS 色谱柱(4.6mm×150mm)，微量注射器(平头)，超声波脱气机，抽滤装置一套。

2. 试剂：甲醇、苯、甲苯、乙苯、二甲苯，以上试剂均为色谱纯，实验用水为三次石英蒸馏水。

3. 溶液的配制：

(1) 标准储备液(浓度均为 1.000mg/mL)：分别取苯、甲苯、乙苯、二甲苯纯品各 0.5000 g，用甲醇溶解，定容于 500mL。

(2) 标准使用溶液(浓度均为 100μg/mL)：分别移取四种标准储存溶液各 10mL，分别用甲醇稀释至 100mL。

(3) 标准混合溶液：移取四种标准储备液各 10mL，混合，用甲醇稀释到 100mL。

(4) 样品溶液：将苯、甲苯、乙苯、二甲苯以任意比例配成甲醇溶液，其浓度与标准混合溶液相似。

四、实验步骤

1. 将实验使用的流动相进行过滤和脱气处理。

2. 开机，依次打开泵、检测器、系统控制器、工作站。调整色谱条件如下：检测器检测波长为 254nm，流动相为甲醇：水 = 75：25，流动相流速 1mL/min，柱温为室温。

3. 校正因子的测定：基线走直后，取标准混合溶液 20μL 进样。记录各组分保留时间及峰面积，分别取苯、甲苯、乙苯、二甲苯的标准使用溶液各 20μL，依次进样，以确定各个峰的位置。

4. 样品的分析测定：取样品 20μL，进样，记录保留时间及峰面积，重复两次。

5. 实验完毕，清洗色谱柱后，关机。

五、结果处理

1. 根据纯品的出峰时间，确定各组分出峰次序。

2. 计算各组分的相对质量校正因子。

3. 计算样品中各组分的百分含量。

六、思考题

1. 解释样品中各组分的洗脱次序。

2. 归一化法定量有何优缺点？

3. 在高效液相色谱中，是否可用保留值定性，为什么？

4. 样品的组分不能完全流出时，用归一化法定量是否合适？为什么？

实验 4 果汁（苹果汁）中有机酸的 HPLC 分析

一、实验目的

1. 理解反相色谱的分离原理。

2. 了解 HPLC 在食品分析中的应用。

二、实验原理

在食品中，主要的有机酸是乙酸、乳酸、丁二酸、苹果酸、柠檬酸、酒石酸等。这些有机酸在水溶液中有较大的离解度。食品中有机酸的来源有三方面，一是从原料中带来的，二是生产过程中（如发酵）生成的，三是作为添加剂加入的。有机酸在 210nm 附近有较强的吸收。苹果汁中的有机酸主要是是苹果酸和柠檬酸。

有机酸可以用反相 HPLC、离子交换色谱、离子排斥色谱等多种液相色谱方法分析。除液相色谱外，还可以用气相色谱和毛细管电泳等其他色谱方法分析。

本实验按反相 HPLC 设计。在酸性（如 pH = 2 ~ 5）流动相条件下，上述有机酸的离解得到抑制，利用分子状态的有机酸的疏水性，使其在 ODS 固定相中保留。不同有机酸的疏水性不同，疏水性大的有机酸在固定相中保留强。采用外标法中的一点工作曲线法定量苹果汁中的苹果酸和柠檬酸。

三、仪器与试剂

1. 高效液相色谱仪，配有紫外检测器，ODS 色谱柱（4.6mm × 15 cm），微量注射器（平头），超声波脱气机，抽滤装置一套。

2. 苹果酸和柠檬酸标准溶液：准确称取优级纯苹果酸和柠檬酸，用蒸馏水分别配制 1000mg/L 的浓度液，使用时用蒸馏水或流动相稀释 5 ~ 10 倍。两种有机酸的混合溶液（各含 100 ~ 200mg/L）用它们的浓溶液配制；实验用水为三次石英蒸馏水。

3. 磷酸二氢铵溶液（4mmol/L）：称取分析纯或优级纯磷酸二氢铵，用蒸馏水配制。

4. 苹果汁样品：市售苹果汁用 0.45μm 水相滤膜减压后，置于冰箱中冷藏保存。

四、实验步骤

1. 将实验使用的流动相用 0.45μm 水相滤膜进行减压过滤和超声波脱气处理。

2. 按操作规程开机，并使仪器处于工作状态。参考条件如下：Zorbax ODS 色谱柱（4.6nm × 150mm）；流动相：4mmol/L 磷酸二氢铵水溶液，流速 1mL/min；柱温：30 ~ 40℃；紫外检测波长：210nm。

3. 标准溶液测定：基线走稳后，分别进样苹果酸和柠檬酸标准溶液 20μL，以确定各个峰的保留时间 t_R。

4. 设置定量分析程序。用苹果酸和柠檬酸混合标准溶液分析结果建立定量分析表或计算校正因子。

5. 苹果汁样品的分析测定：取样品 $20\mu L$，进样，与苹果酸和柠檬酸标准溶液色谱图比较即可确认苹果汁中苹果酸和柠檬酸的峰位置。如果分离不完全，可适当调整流动相浓度或流速。记录保留时间及峰面积。

6. 按上述操作进苹果汁样品两次，如果两次定量结果相差较大（如 5% 以上），则再进样一次，取三次的平均值。

7. 实验完毕，清洗色谱柱后，关机。

五、结果处理

按照表 11.1 内容整理苹果汁中有机酸的分析结果。

表 11.1 有机酸的分析结果

成　分	保留时间/min	各次测定值/（mg/L）	平均值/（mg/L）
苹果酸			
柠檬酸			

附注：

色谱柱的个体差异很大，即使是同一厂家的同型号色谱柱，性能也会有差异。因此，色谱条件（主要是流动相配比）可根据实际情况作适当的调整。

六、思考题

1. 采用一点工作曲线的分析结果的准确性比多点工作曲线好还是坏？为什么？

2. 如果用酒石酸作内标定量苹果酸和柠檬酸，对酒石酸有什么要求？写出该内标法的操作步骤和分析结果的计算方法。

实验 5　离子色谱法测定水样中 F^-，Cl^-，NO_2^-，PO_4^{3-}，Br^-，NO_3^- 和 SO_4^{2-} 离子的含量

一、实验目的

1. 熟悉离子色谱分析的基本原理及其操作方法。

2. 掌握离子色谱法的定性和定量分析方法。

二、基本原理

离子色谱法是在经典的离子交换色谱法基础上发展起来的，这种色谱法以阴离子或阳离子交换树脂为固定相，电解质溶液为流动相（洗脱液）。在分离阴离子时，常用 $NaHCO_3$ - Na_2CO_3 混合液或 Na_2CO_3 溶液作洗脱液；在分离阳离子时，则常用稀盐酸或稀硝酸溶液。由于待测离子对离子交换树脂亲和力的不同，致使它们在分离柱内具有不同的保留时间而得到分离。此法常使用电导检测器进行检测，为消除洗脱液中强电解质电导对检测的干扰，于分离柱和检测器之间串联一根抑制柱而成为双柱型离子色谱法。

图 11.1 为双柱型离子色谱仪流程图。它由高压恒流泵、高压六通进样阀、分离柱、抑制柱、再生泵及电导检测器和记录仪等组成。充液时试样被截留在定量管内，当高压六通进样阀转向进样时，洗脱液由高压恒流泵输入定量管，试液被带入分离柱。在分离柱中发生如下交换过程。

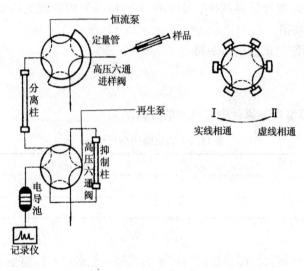

图 11.1 双柱型离子色谱仪流程图

$$R—HCO_3 + MX \underset{洗脱}{\overset{交换}{\rightleftharpoons}} RX + MHCO_3^-$$

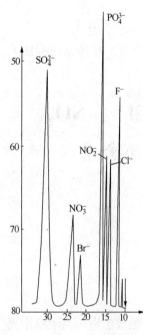

图 11.2 标样谱图

式中 R 代表离子交换树脂。由于洗脱液不断流过分离柱，使交换在阴离子交换树脂上的各种阴离子 X^{n-} 又被洗脱，而发生洗脱过程。各种阴离子在不断进行交换及洗脱过程中，由于亲和力的不同，交换和洗脱过程有所不同，亲和力小的离子先流出分离柱，而亲和力大的离子后流出分离柱，因而各种不同离子得到分离，见图 11.2 标准样品谱图所示。

在使用电导检测器时，当待测阴离子从柱中被洗脱而进入电导池时，要求电导检测器能随时检测出洗脱液中电导的改变，但因洗脱液中 HCO_3^-、CO_3^- 离子的浓度要比试样阴离子浓度大得多，因此，与洗脱液本身的电导值相比，试液离子的电导贡献显得微不足道。因而电导检测器难于检测出由于试液离子浓度变化所导致的电导变化。若使分离柱流出的洗脱液，通过填充有高容量 H^+ 型阳离子交换树脂柱（即抑制柱），则在抑制柱上将发生如下的交换反应：

$$R—H^+ + Na^+HCO_3^- \longrightarrow R—Na^+ + H_2CO_3$$
$$R—H^+ + Na^+CO_3^{2-} \longrightarrow R—Na^+ + H_2CO_3$$
$$R—H^+ + M^+X^- \longrightarrow R—M^+ + HX$$

可见，从抑制柱流出的洗脱液中，洗脱液中的 Na_2CO_3、$NaHCO_3$ 已被转变成电导值很小的 H_2CO_3，消除了本底电导的影响，而且试样阴离子 X^- 也转变为相应酸的阴离子。由于 H^+ 离子的离子浓度 7 倍于金属离子 M^+，因而使得试液中离子电导测定难以实现。

180

除上述填充阳离子交换树脂抑制柱外，还有纤维状带电膜抑制柱、中空纤维管抑制柱、电渗析离子交换膜抑制柱、薄膜型抑制器等多种。它们的抑制机理虽有不同，但共同点都是消除洗脱液本底电导的干扰，其中电渗析离子交换膜抑制器割去了双柱形离子色谱仪中的抑制柱、再生泵、高压六通阀及其输液流路系统，成了不需再生操作即能达到抑制本底电导的新型离子色谱仪，大大简化了仪器流程。图 11.3 为电渗析离子膜抑制器示意图。该抑制器由两张阳离子交换膜分割成三个室，洗脱液携带分离后试样组分，流经中间的抑制室 1；两侧分别为阳极室 6 和阴极室 3，两室内均装抑制液（又作电解质）和电极 2，7。当两极接通直流电源，抑制室

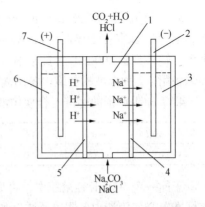

图 11.3　电渗析离子交换膜抑制器
1—抑制室；2，7—电极；3—阴极室；
4，5—阳离子交换膜；6—阳极室

内洗脱液 Na_2CO_3 和 $NaHCO_3$ 即试样组分如 NaCl，在电场和阳离子交换膜的共同作用下，使阳离子作定向迁移，并通过离子交换膜，将洗脱液中高电导的 Na^+ 离子除去，从而使高电导的洗脱液转化为低电导。电极上发生如下反应：

$$阳极 \quad H_2O - 2e^- == 2H^+ + \frac{1}{2}O_2 \uparrow$$

$$阴极 \quad 2H_2O + 2e^- == 2OH^- + H_2 \uparrow$$

由于在电场作用下，阳极室的 H^+ 离子透过阳离子交换膜进入抑制室，并与 CO_3^{2-}、HCO_3^-、Cl^- 离子结合形成弱电离的 H_2CO_3 和强电离的 HCl，即：

$$2H^+ + CO_3^{2-} == H_2CO_3$$

$$H^+ + HCO_3^- == H_2CO_3$$

$$H^+ + Cl^- == HCl$$

与此同时，抑制室中的 Na^+ 离子透过阳离子交换膜进入阴极室，结果使洗脱液中的 Na_2CO_3、$NaHCO_3$ 转化为 H_2CO_3，大大降低了本底电导，而试样中 NaF、KCl、NaBr 等都转化相应的酸 HF、HCl、HBr 等。如前所述，由于 H^+ 离子的离子浓度 7 倍于 Na^+、K^+ 等金属离子，这样能在电导监测器上得以检测。

由于离子色谱法具有高效、高速、高灵敏和选择性好等特点，因而广泛地应用于环境监测、化工、生化、食品、能源等各领域中的无机阴、阳离子和有机化合物的分析，此外，离子色谱法还能应用于分析离子价态、化合形态和金属络合物等。

三、仪器

1. 离子色谱仪：YSIC - 1 型阴离子色谱仪或其他型号。
2. 超声波发生器。
3. 微量进样器：$100\mu L$。

四、试剂

1. NaF，KCl，NaBr，K_2SO_4，Na_2NO_2，NaH_2PO_4，$NaNO_3$，Na_2CO_3，H_3BO_3，浓 H_2SO_4 等均为优级纯。
2. 纯水：经 $0.45\mu m$ 微孔滤膜过滤的去离子水，其电导率小于 $5\mu S/cm$。

3.7 种阴离子标准贮备液的配制：分别称取适量的 NaF、KCl、NaBr、K_2SO_4（于 105℃ 下烘干 2h、保存在干燥器内），Na_2NO_2、NaH_2PO_4、$NaNO_3$（于干燥器内干燥 24h 以上）溶于水中，转移到各 1000mL 容量瓶中，然后各加入 10.00mL 洗脱贮备液，并用水稀释至刻度，摇匀备用。7 种标准贮备液中各阴离子的浓度均为 1.00mg/mL。

4.7 种阴离子的标准混合使用液的配制：分别吸取上述 7 种标准贮备液体积为：

标准贮备液	NaF	KCl	NaBr	$NaNO_3$	Na_2NO_2	K_2SO_4	NaH_2PO_4
V/mL	0.75	1.00	2.50	5.00	2.50	12.50	12.50

于同一个 500mL 容量瓶中，再加入 5.00mL 洗脱贮备液，然后用水稀释至刻度，摇匀，该标准混合使用液中各阴离子浓度如下：

阴离子	F^-	Cl^-	Br^-	NO_3^-	NO_2^-	SO_4^{2-}	PO_4^{3-}
$c/(\mu g/mL)$	1.50	2.00	5.00	10.0	5.00	25.0	25.0

5. 洗脱贮备液（$NaHCO_3 - Na_2CO_3$）的配制：分别称取 26.04g $NaHCO_3$ 和 25.44g Na_2CO_3（于 105℃ 下烘干 2h 并保存在干燥器内）溶于水中，并转移到一只 1000mL 容量瓶中，用水稀释至刻度，摇匀。该洗脱贮备液中 $NaHCO_3$ 的浓度为 0.31mol/L，Na_2CO_3 浓度为 0.24mol/L。

6. 洗脱使用液（即洗脱液）的配制：吸取上述洗脱贮备液 10.00mL 于 1000mL 容量瓶中，用水稀释至刻度，摇匀，用 0.45μm 的微孔过滤膜过滤，即得 0.0031mol/L $NaHCO_3$ - 0.0024mol/L Na_2CO_3 的洗脱液，备用。

7. 抑制液的配制（0.1mol/L H_2SO_4 和 0.1mol/L H_3BO_3 混合液）：称取 6.2g H_3BO_3 于 1000mL 烧杯中，加入约 800mL 纯水溶解，缓慢加入 5.6mL 浓 H_2SO_4，并转移到 1000mL 容量瓶中，用纯水稀释至刻度，摇匀。

五、实验条件

1. 分离柱：$\phi 4mm \times 300mm$，内填粒度为 10μm 阴离子交换树脂；
2. 抑制器：电渗析离子交换膜抑制器，抑制电流 48mA；
3. 洗脱液（$NaHCO_3 - Na_2CO_3$）流量：2.0mL/min；
4. 柱保护液（3%）：15g H_3BO_3 溶解于 500mL 纯水中；
5. 电导池：5 极；
6. 主机量程：5μS；
7. 进样量：100μL。

六、测定步骤

1. 吸取上述 7 种阴离子标准贮备液各 0.50mL，分别置于 7 只 50mL 容量瓶中，各加入洗脱贮备液 0.50mL，加水稀释至刻度，摇匀，即得各阴离子标准使用液。

2. 根据实验条件，将仪器按照仪器操作步骤调节至可进样状态，待仪器上液路和电路系统达到平衡后，记录仪基线呈一直线，即可进样。

3. 分别吸取 100μL 各阴离子标准使用液进样，记录色谱图。各重复进样两次。

4. 工作曲线的测绘：分别吸取阴离子标准混合使用液 1.00mL，2.00mL，4.00mL，6.00mL，8.00mL，于 5 只 10mL 容量瓶中，各加入 0.1mL 洗脱贮备液，然后用水稀释至刻度，摇匀，分别吸取 $100\mu L$ 进样，记录色谱图。各种溶液分别重复进样两次。

5. 取未知水样 $99.00mL$，加 $1.00mL$ 洗脱贮备液，摇匀，经 $0.45\mu m$ 微孔滤膜过滤后，取 $100\mu L$ 按同样实验条件进样，记录色谱图，重复进样两次。

七、数据及处理

1. 记录实验条件：

（1）分离柱；

（2）抑制器；

（3）洗脱液及其流量；

（4）离子色谱仪型号；

（5）电导池；

（6）主机量程；

（7）进样量。

2. 测量各阴离子溶液色谱峰的保留时间 t_R 值，并填入下表：

	次数	F^-	Cl^-	NO_2^-	PO_4^{3-}	Br^-	NO_3^-	SO_4^{2-}
t_R/mm	1							
	2							
	3							
	平均值							

3. 测量标准混合溶液，记录各色谱峰的保留时间 t_R（与上表 t_R 比较，确定各色谱峰属何种组分）、半峰宽 $Y_{1/2}$、峰高 h，并计算峰面积 A 和平均值 $\bar{A}$，然后填入下表中（以 F^- 离子为例）。

	$c/(\mu g/mL)$	次数	$Y_{1/2}/mm$	h/mm	A/mm^2	$\bar{A}/mm^2$	t_R/mm
F^- 离子	0.15	1					
		2					
		3					
	0.30	1					
		2					
		3					
	0.60	1					
		2					
		3					
	0.90	1					
		2					
		3					
	1.20	1					
		2					
		3					

4. 由测得的各组分 $\overline{A}$ 做 $\overline{A} \sim c$ 的工作曲线。

5. 确定未知水样色谱中各色谱峰所代表的组分，并计算峰面积 A，在相应的工作曲线上找出各组分的含量，或将各组分色谱峰数据，输入计算机，分别求出各组分的含量，打印出水样中各离子的浓度。

八、思考题

1. 简述离子色谱法的分离机理。
2. 电导检测器为什么可用作离子色谱分析的检测器？
3. 为什么在每一试液中都要加入1%的洗脱液成分？
4. 为什么离子色谱分离柱不需要再生，而抑制柱需要再生？
5. 简述电渗析离子交换膜抑制器工作原理及其优点。

附录：液相色谱简介

1. 仪器结构及原理：

高效液相色谱仪种类很多，根据其功能不同，主要分为分析型、制备型和专用型。虽然不同类型的仪器性能各异，应用范围不同，但其基本组成是类似的。主要由输液系统、进样系统、分离系统、检测系统、记录及数据处理系统组成，包括储液瓶、高压泵、进样器、色谱柱、检测器、记录仪（或数据处理装置）等主要部件，其中对分离、分析起关键作用的是高压泵、色谱柱和检测器三大部件。此外，还可根据需要配置流动相在线脱气装置、梯度洗脱装置、自动进样系统、馏分收集装置、柱后反应系统等，现代高效液相色谱仪还带有微机控制系统，进行自动化仪器控制和数据处理。图 11.4(a)、(b)、(c) 是几款高效液相色谱仪实物照片，图 11.5 是典型的高效液相色谱仪结构示意图。

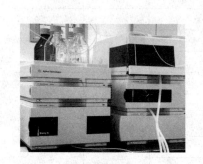

(a)安捷伦1200液相色谱仪　　(b)岛津 LC20A Prominence　　(c)岛津 LC-2010 系统(集成式)
　　　　　　　　　　　　　　　　系统(积木式)

图 11.4　高效液相色谱仪结构示意图及实物图

液相色谱仪工作过程为：高压泵将储液瓶中的流动相经进样器以一定的速度送入色谱柱，然后由检测器出口流出。当样品混合物经进样器注入后，流动相将其带入色谱柱中。由于各组分的性质不同，它们在柱内两相间作相对运动时产生了差速迁移，混合物被分离成单个组分，依次从柱内流出进入检测器，检测器将各组分浓度转换成电信号输出给记录仪或数据处理装置，得到色谱图。

（1）输液系统　输液系统由储液瓶、高压泵、过滤器、阻尼器、梯度洗脱装置等组成，其核心部件是高压泵。其作用是向色谱柱提供高压、流速稳定的流动相。

① 高压泵。高压泵的作用是将流动相在高压下连续不断地送入色谱系统，泵的性能好坏直接影响整个仪器的稳定性和分析结果的可靠性。由于固定相颗粒极细，再加上液体黏度较大，因此柱内阻力很大。为实现快速、高效分离，必须借助高压，迫使流动相通过柱子。对高压泵来说，要能在高压下连续工作，通常要求耐压 35 ~ 50MPa。流量要稳定，无脉动，输

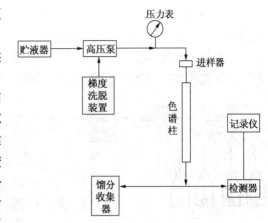

图 11.5　高效液相色谱仪结构示意图

出流量精度要高，流量控制的 RSD < 0.5%，以保证检测器能稳定工作，使定性、定量有良好的重现性。流量范围要宽，且连续可调，一般分析型仪器流量在 0.010 ~ 10mL/min。此外，还应耐腐蚀，更换溶剂方便，易于清洗和维修，易于实现梯度洗脱和流量程序控制等。

② 梯度洗脱装置。梯度洗脱装置一般分为两种类型：低压梯度和高压梯度。

a. 高压梯度装置。高压梯度又称为内梯度，是用高压泵将不同强度的溶剂增压后送入梯度混合器混合，然后送入色谱柱。

高压梯度装置由多台(2~3 台)高压泵、梯度程序控制器和混合器组成。每台泵输送一种强度的溶剂，由程序控制器控制各泵的流量，以改变混合流动相的组成。高压梯度装置一般只用于二元梯度，即用两个高压泵分别按设定的比例输送 A 和 B 两种溶剂至混合器，混合器是在泵之后，即两种溶液是在高压状态下进行混合的，其装置结构如图 11.6 所示。溶剂在高压下混合，混合器的设计十分重要。要求体积小，没有死角，便于清洗，混合效率高。

高压梯度装置的特点：可获得任意形式的梯度曲线，且精度较高；易于实现控制的自动化；使用多台高压泵，较为昂贵，故障率高，不适于多元溶剂。

HP1100HPLC 色谱仪的二元高压梯度系统如图 11.7 所示。

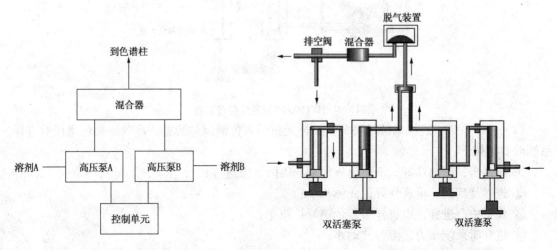

图 11.6　二元高压梯度装置示意图　　　　图 11.7　HP1100 二元高压梯度系统

185

b. 低压梯度装置。低压梯度又叫外梯度，是在常压下，将若干种不同强度的溶剂按一定比例混合后，再由高压泵输入色谱柱。

现代低压梯度装置，采用可编程序控制器控制的自动切换阀（比例阀），用一个高压泵来完成梯度操作，可实现三元或四元梯度供液。通过程序控制器控制切换阀的开关频率，可获得任意的梯度曲线。低压梯度装置只需一个高压泵，与等度洗脱输液系统相比，就是在泵前安装了一个比例阀，各溶剂的比例由各电磁阀的开启时间控制，溶剂按不同比例输送到混合器混合，混合好的流动相由高压泵送入色谱柱，如图 11.8 所示。因为比例阀是在泵之前，所以是在常压（低压）下混合，在常压下混合往往容易形成气泡，所以低压梯度通常配置在线脱气装置。

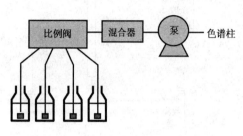

图 11.8　四元低压梯度装置示意图

低压梯度装置的特点：只用一台高压泵，成本低；可实现多元溶剂的梯度洗脱；梯度重现性好，精度高；低压下混合，可减少溶剂因混合发生的体积变化。

HP1100 高效液相色谱仪用的是一台双柱塞往复式串联泵和一个高速比例阀构成的四元低压梯度系统，如图 11.9 所示。来自于四溶液瓶的四根输液管分别与真空脱气装置的四条流路相接，经脱气后的四种溶液进入比例阀，混合后从一根输出管进入泵体。多元梯度泵的流路可以部分空置。

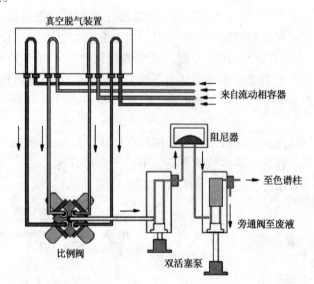

图 11.9　HP1100 四元低压梯度系统

（2）进样系统　进样系统是将分析试样定量引入色谱仪的装置，高效液相色谱仪对进样系统的要求如下：

① 耐高压，密封性好，不得出现泄漏、吸附、渗透等；

② 进样量精确，重现性好，死体积小；

③ 保证中心进样，由进样引起色谱峰扩张小；

④ 进样时系统压力、流量波动小；

⑤ 操作简便，可根据需要选择不同的进样量。

液相色谱分为注射器进样、阀进样、自动进样三种进样方式。

a. 注射器进样。与气相色谱类似，使微量注射器的针尖穿过进样器的弹性隔膜垫片，将样品以小液滴形式送到柱床顶端。

注射器进样对隔膜的要求很高，密封垫片必须能耐溶剂的化学侵蚀，且有一定的机械强度、有弹性、易穿透、能自动密封。常用的是硅橡胶材料，但它不适用于烷烃溶剂。氟橡胶材料能适用于烷烃溶剂，但不能用于丙酮、甲醇等溶剂。近年来采用硅橡胶表面粘覆一层聚四氟乙烯薄膜为隔膜材料，以适应各种溶剂。

b. 阀进样。高压进样阀是现代液相色谱仪一种优良的进样装置，被普遍采用。其结构由阀体、转子、定子、密封垫、定量管、手柄等组成。阀体用不锈钢制作，旋转密封部分由合金陶瓷材料制成，既耐磨，又具有良好的密封性。操作时，先将手柄转向取样位置，用平头微量注射器将样品常压注入定量管，然后将手柄迅速转动60°到进样位置，样品立即被流动相带入色谱柱。阀进样装置见图11.10。

图 11.10　阀进样装置

阀进样的工作原理：当阀处于"取样"位置（LOAD）时，将样品充满定量管，但不与柱接通，多余样品从放空孔排出；然后将阀迅速旋转60°，使阀处于"进样"位置（INJECT），阀与液相流路接通，由高压泵输送的流动相流经定量管，将管中的样品送入色谱柱中。见图11.11。

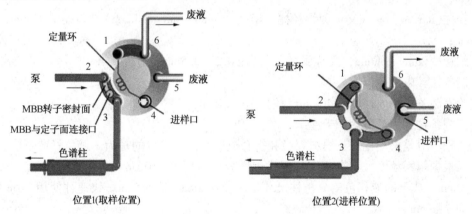

位置1(取样位置)　　　　　位置2(进样位置)

图 11.11　阀进样器原理

从上述过程中可以看出，当进样阀的手柄处于"取样"与"进样"之间的位置时，流路被完全隔断，在泵到色谱柱之间产生瞬时断流，此时泵压上升，柱压下降。转换完成后，柱压急剧上升。因此，无论从"取样"到"进样"，还是从"进样"到"取样"，手柄的转动一定要迅速、果断，否则，过高的压力波动会造成色谱柱的损坏。

c. 自动进样。自动进样器是由计算机自动控制定量阀，取样、进样、复位、清洗和样品盘转动等一系列操作全部按预定程序自动进行，操作者只需将样品按顺序装入贮样装置。该法适合于大量样品的分析，节省人力，可实现自动化操作。

（3）分离系统　分离系统主要指色谱柱，样品在此完成分离。色谱柱是色谱仪最重要的部件，称为色谱仪的"心脏"。它的质量优劣直接影响分离效果。

对色谱柱的要求是：分离效率高、柱容量大、分析速度快、性能稳定。这些优良性能与柱结构、柱填料特性、柱填充质量和使用条件有关。

色谱柱的结构：

a. 柱材料和柱形状。色谱柱由柱管、填料、压帽、卡套(密封环)、筛板(滤片)、接头、螺丝等组成。为了能耐高压、耐腐蚀，色谱柱均采用优质不锈钢制作。不锈钢柱的内壁必须经过精细的抛光处理。管内壁若有纵向沟槽或表面不光洁，会影响色谱过程，引起谱带展宽，使柱效下降。色谱柱两端的柱接头内装有筛板，是烧结不锈钢或钛合金，颗粒的间隙即为筛板的孔，筛孔应小于填料的直径，以防止填料漏出。一般 $5\mu m$ 粒径的填料，可用 $2\mu m$ 孔径的筛板。

液相色谱一般使用直形柱，色谱柱结构示意图见图 11.12。

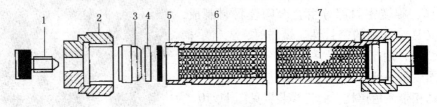

图 11.12　色谱柱结构示意图

1—塑料保护堵头；2—柱头螺丝；3—刀环；4—聚四氟乙烯 O 圈；5—筛板；6—色谱柱管；7—填料

b. 柱尺寸。液相色谱柱按用途可分为分析型和制备型两类，尺寸规格如下：

常规分析柱(常量柱)，内径 2 ~ 5mm(常用 4.6mm，国内有 4mm 和 5mm)，柱长 10 ~ 30cm；

窄径柱(narrow bore，又称细管径柱、半微柱 semi – microcolumn)，内径 1 ~ 2mm，柱长 10 ~ 20cm；

毛细管柱(microcolumn，又称微柱)，内径 0.2 ~ 0.5mm；

半制备柱，内径 >5mm；

实验室制备柱，内径 20 ~ 40mm，柱长 10 ~ 30cm；

生产制备柱，内径可达几十厘米。

柱内径一般是根据柱长、填料粒径和折合流速来确定，目的是为了避免管壁效应。

柱长根据填料粒度大小来确定。现代色谱分析常用 5 ~ 10μm 的小颗粒填料，一般柱长为 10 ~ 30cm。典型的液相色谱分析柱尺寸是内径 4.6mm，长 25cm。快速柱使用 3μm 填料，柱长仅为 3 ~ 5cm。

(4) 检测系统　检测器是色谱仪的三大关键部件之一，是用于连续监测柱后流出物组成和含量变化的装置，其作用是将色谱柱中流出的样品组分含量随时间的变化，转化为易于测量的电信号。常用的液相色谱检测器有紫外吸收检测器、荧光检测器、示差折光检测器、电化学检测器等。

① 紫外 – 可见吸收检测器。紫外 – 可见光检测器按波长来分，分为固定波长和可变波长两类。固定波长检测器又有单波长和多波长两种；可变波长检测器主要分为色散型检测器和光学多道检测器两种。

a. 固定波长紫外吸收检测器。单波长紫外吸收检测器由光源、滤光片、流通池、光电倍增管、高阻等组成，结构示意图见图 11.13。

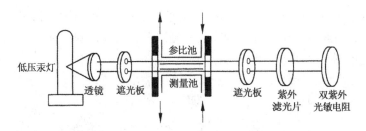

图 11.13　单波长紫外吸收检测器结构示意图

单波长紫外吸收检测器通常采用低压汞灯作光源，低压汞灯发射出 254nm 的紫外光，经准直镜、再经遮光板分为一对平行光束分别进入流通池的测量池和参比池。经流通池吸收后的出射光，经过遮光板、出射石英棱镜及紫外滤光片，只让 254nm 的紫外光被光电管接收。若两流通池通过纯的均匀溶剂，它们在紫外波长下几乎无吸收，光电管上接收到的辐射强度则相等，无信号输出；当组分进入测量池时，吸收一定的紫外光，使两光电管接收到的辐射强度不等，这时有信号输出，输出信号的大小与组分浓度有关。

b. 可变波长紫外 – 可见光检测器。固定波长紫外吸收检测器提供的检测波长单一，通常不能按照被测样品的紫外吸收特性任意选择工作波长，有时不能满足实际工作中对样品检测的要求，而可变波长紫外 – 可见光检测器弥补了这一不足。

可变波长紫外 – 可见光检测器相当于装有流通池的紫外 – 可见分光光度计，光路图见图 11.14。光源采用氘灯/钨灯，波长范围 190 ~ 800nm，紫外区用氘灯，可见区用钨灯。光源发出的光经聚光镜聚焦，由滤光片滤去杂散光，再经反射镜到达光栅，色散成不同波长的单色光。选择某一特征波长的光作为入射光，通过分光器交替照射流通池的测量池和参比池，透过光同步交替到达测量光电二极管与参比光电二极管产生电信号，由测量光电二极管与参比光电二极管的信号差获得样品的检测信息。

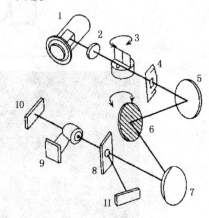

图 11.14　可变波长紫外 –
可见光检测器光路结构示意图
1—氘灯；2—聚光透镜；3—可旋转组合滤光片；
4—入口狭缝；5, 7—反射镜；6—光栅；
8—光分束器；9—流通池；10, 11—光电管

可变波长紫外 – 可见光检测器波长范围宽，以光栅作单色器，可得到任意波长的单色光，使仪器的选择性得到提高，进一步扩大了适用范围。实际应用中，可以选择样品的最大吸收波长作为检测波长，提高检测灵敏度；也可以选择在溶质有强吸收而基质无吸收的波长下进行检测，有效提高分析的选择性。梯度洗脱时，选择在流动相改变而其吸光度不变的波长下进行检测。

c. 光电二极管阵列检测器。光电二极管阵列检测器(photo – diode array detector, PDAD)，简称二极管阵列检测器(diode array detector, DAD)，是紫外 – 可见光检测器的一个重要进展。在这类检测器中以光电二极管阵列作为检测元件，阵列由数百到上千(如 211、512、1024)个光电二极管组成，每个二极管测量一窄波段的光谱。由图 11.15 可见，光源发出的复合光经聚焦后照射到流通池上，在此被流动相中的组分进行特征吸收，然后透过光通过狭缝投射到光栅上进行分光，使所得含有吸收信息的全部波长聚焦在二极管阵列上同时被检测，并用计算机对二极管阵列快速扫描采集数据。由于扫描速度非常快，可在 10ms 内完

成一次检测，远远超过色谱流出峰的速度，因此不用停流，可跟随色谱峰扫描(随峰扫描)。经计算机处理后，可绘制出组分随时间变化的光谱吸收曲线，即得到保留时间 - 吸光度 - 波长三维色谱 - 光谱图，见图 11.16。

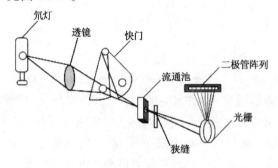

图 11.15 光电二极管阵列检测器结构示意图

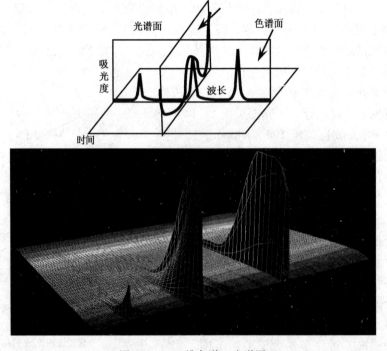

图 11.16 三维色谱 - 光谱图

与普通 UV - VIS 检测器不同的是，普通 UV - VIS 检测器是先用单色器分光，只让特定波长的光进入流通池。而二极管阵列检测器是先让所有波长的光都通过流动池，然后通过一系列分光技术，使所有波长的光在接受器上被检测，故可同时得到多个波长的色谱图。这种检测器是液相色谱中最有发展前途的检测器，它可以提供关于色谱分离、定性定量的丰富信息。如可利用色谱保留值及光谱特征吸收曲线进行综合定性；通过比较一个峰中不同位置的吸收光谱，估计峰纯度；通过比较每个峰的吸收光谱选择最佳测定波长等。

②示差折光检测器(differential refractive index detector，DRD)。示差折光检测器又称折射率检测器，是一种通用型检测器，它是基于连续测定柱后流出液折射率变化来测定样品的浓度。

③荧光检测器(fluorescence detector，FLD)。荧光检测器是一种灵敏度和选择性极高的

检测器。某些具有特殊结构的化合物，受紫外光激发后，能发射出另一种较长波长的光，称为荧光。波长较短的紫外光称为激发光，产生的荧光称为发射光。当被测样品的浓度足够低且其他条件一定时，荧光强度正比于荧光物质的浓度，依此可进行定量分析。

④ 电化学检测器。电化学检测器主要有电导检测器、安培检测器、极谱检测器、库仑检测器。

2. 仪器控制及数据处理(以岛津 LCsolution 色谱软件为例)：

(1) LCsolution 色谱软件简介　岛津公司开发的 LCsolution 色谱软件为最新设计的全 32 位三维中文色谱软件，充分利用了 WIN2000 及 XP 的 32 位环境，并支持 Vista 操作系统。界面友好，并有丰富的向导文件，采用 LAN 或 RS－232 数据采集与控制环境，融合 WINDOWS 系统的关系型数据库，提供了完备的原始数据和方法的安全保障，具有完备的数据审计追踪能力，更易于方法的确认，符合 cGMP 标准，并标准配置了系统适应性软件，被美国分析应用用户协会评价为"方便、实用而完善的软件"。

(2) LCsolution 快速操作说明：

① 数据的采集：

a. 打开 LCSolution 软件实时分析 Realtime Analsis，选择新建方法。

b. 编辑泵、柱温箱及检测器等参数，保存方法。点击 Download 按钮下载方法参数到各单元，图 11.17。

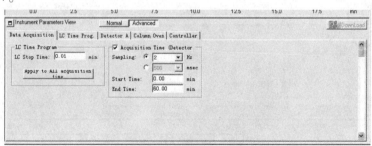

图 11.17　数据的采集窗口

c. 在实时控制菜单上点击 Instrument on 按钮，各单元开始按方法设定参数工作。等待基线稳定后即可开始进样，见图 11.18。

图 11.18　Instrument on

d. 点击"开始单次分析"　图标。显示"单次分析"视窗，输入要保存的数据文件名、样品瓶编号、进样量等参数(如果采用手动进样器，只需输入要保存的数据文件名即可)，点击"OK"，即开始采集数据，见图 11.19。

② 标准曲线的制作：

a. 进入数据再解析 LCsolution PostRun，打开标准系列中的任一数据文件，见图 11.20。

b. 方法文件的编辑(组分表编辑)

(a) 点击助手栏 Wizard，设置合适的积分参数 Parameter，半峰宽 Width，斜率 Slope 值等积分参数，对目标峰积分；更多积分参数点击 Program 进行设置，见图 11.21。

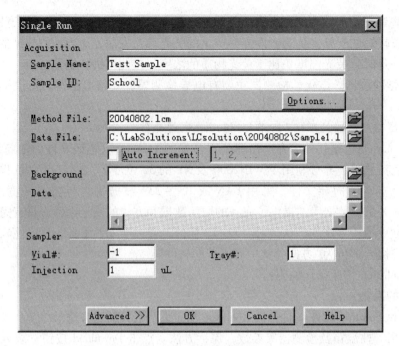

图 11.19　单次分析视窗

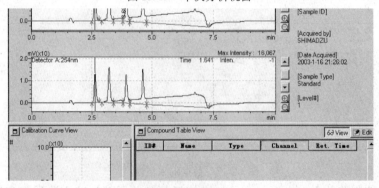

图 11.20　标准数据文件

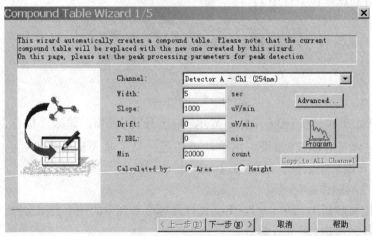

图 11.21　组分表编辑窗口

（b）点击"下一步"，选择需进行定量分析的组分和内标组分，见图 11.22。

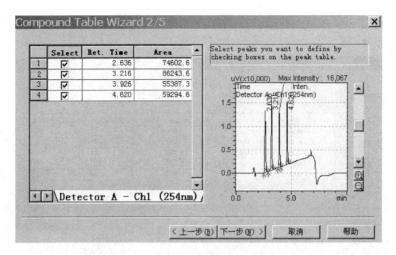

图 11.22　选择定量组分、内标组分窗口

（c）点击"下一步"，选择定量方法（外标法选择 External standard，内标法选择 Internal standard），同时设定其他参数（浓度级别等），见表 11.23。

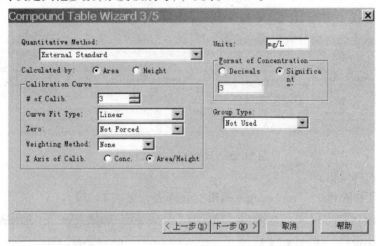

图 11.23　选择定量方法组分窗口

（d）点击"下一步"，设定保留时间误差范围，见图 11.24。

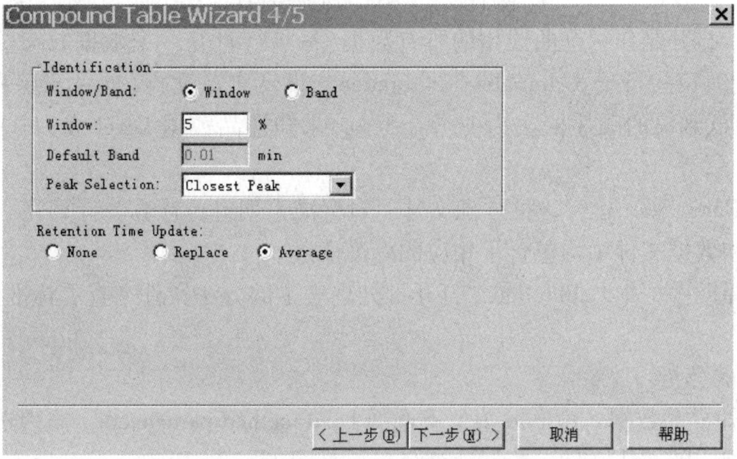

图 11.24　设定保留时间误差范围窗口

（e）点击"下一步"，输入组分名和各级别浓度值（如果是内标法，选择内标峰的 Type 为 ISTD），见图 11.25。

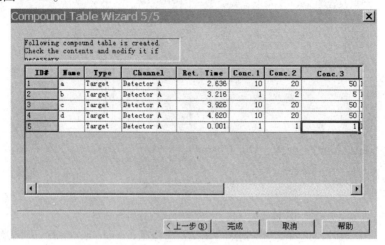

图 11.25　输入组分名和各级别浓度值窗口

（f）点击"完成"。右下方 Compound Table 组分表，设置 View 模式（也可以在 Compound Table 的 Edit 模式下进行组分表编辑），见图 11.26。另存方法文件。本例中保存为 test2. met。

ID#	Name	Type	Channel	Ret. Time	Conc. 1	Conc. 2	Conc. 3	Fit Type
1	a	Target	Detector A	2.636	10	20	50	Default
2	b	Target	Detector A	3.216	1	2	5	Default
3	c	Target	Detector A	3.926	10	20	50	Default
4	d	Target	Detector A	4.620	10	20	50	Default

图 11.26　设置 View 模式窗口

c. 批处理表的编辑：

（a）点击助手栏 Batch Processing，编辑批处理表。见表 11.27。

Sample Type	Analysis Type	Method File	Data File	Level#
1:Standard: (I)	IT QT MIT MQT	test2.1cm	Demo_Data-001.1cd	1
1:Standard	IT QT MIT MQT	test2.1cm	Demo_Data-002.1cd	2
1:Standard	IT QT MIT MQT	test2.1cm	Demo_Data-003.1cd	3
0:Unknown	IT QT MIT MQT	test2.1cm	Demo_Data-004.1cd	0

图 11.27　编辑批处理表窗口

（b）在表中打开制作标准曲线用的所有数据（每一行打开一个数据），选择 Sample Type 为 Standard，同时第一行设为 Initialize Calibration。设定方法文件（前一步保存的文件）、浓度级别（浓度由低到高的顺序依次为 1、2、3…，未知样品数据 Level 设为 0）等项，保存批处理文件。

（c）点击 Batch Start 运行该批处理文件，对标准系列进行计算。计算完毕后，在批处理中的方法文件和数据文件中均包含了相应的标准曲线。

（d）可选择助手栏中 Calibration，打开批处理表中的方法文件来查看标准曲线计算结果，见图 11.28。

③ 未知样的分析：

a. 打开未知样品数据，由 File 菜单下选择 Load method parameters，出现选择方法文件的对话框，打开相应的方法文件，数据即被分析，见图 11.29。

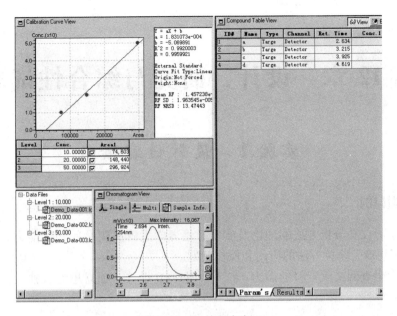

图 11.28 批处理表窗口

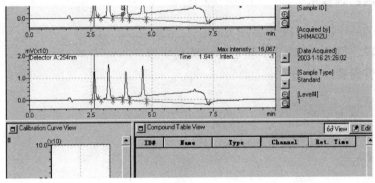

图 11.29 选择方法文件窗口

b. 可在数据文件中的 Compound Table View 视图中的 Result 中查看计算结果。如需保存结果，选择保存数据文件，见图 11.30。

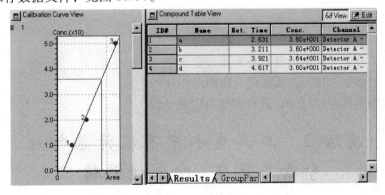

图 11.30 计算结果窗口

第12章 设计、研究与综合性试验

实验1 设计性实验

一、实验目的

1. 通过学习仪器分析方法的理论及实验，培养学生解决实际问题的能力，并加深对不同方法的理解程度，掌握方法的应用和操作问题。

2. 培养学生查阅文献资料的能力，提高学生独立设计、独立思考、独立完成实验及报告的能力。

二、基本内容和要求

1. 学生自选一个设计项目。
2. 查阅资料，拟定实验方案，经教师审阅后实施。
3. 实验报告内容：
① 题目；
② 测量方法基本原理；
③ 仪器与试剂（试剂的配制方法）；
④ 操作步骤；
⑤ 数据处理；
⑥ 结果与讨论。

三、实验方案设计备选题目

1. 橙汁中有机酸分析。
2. 茶叶中重金属含量及咖啡碱含量的测定。
3. 废水中金属离子的种类及部分重属含量测定。
4. 乙苯、乙醇、苯甲酸乙酯等化合物的定性分析。
5. 对柴油中多环芳烃(PAH)进行定性与定量分析。

实验2 工业废水中有机污染物的分离与鉴定(综合性试验)

化工厂生产排放的污水中主要含有机氯化物、苯类或硝基苯类化合物。这些有机污染物大多具有如下特点：难于降解，在环境中有一定残留水平，具有生物累积性，三致作用(致癌、致畸、致突变)或毒性，对人体健康和生态环境构成潜在威胁。因此，对这些有机化合物进行有效的分离和鉴定，对降低水质污染和保护人类健康具有重要意义。本实验主要针对

甲苯、苯和硝基苯等进行分离和鉴定。

一、实验目的

1. 学会用多种手段对化合物进行分离与鉴定。
2. 掌握用紫外－可见分光光度计对化合物进行定性分析。
3. 掌握用红外光谱对化合物的鉴定。
4. 掌握用气相色谱法对化合物的定量测定。

二、实验方法

1. 样品采集：

样品取自某炼油厂废水排放口。

2. 样品预处理及分离（氯仿萃取，见图 12.1）：

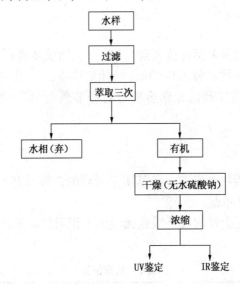

图 12.1　样品预处理步骤示意图

3. 定性鉴定：

（1）紫外吸收光谱（UV）分析：

仪器：UV－2450 型紫外－可见分光光度计（扫描记录式）。

试剂：正己烷、苯、甲苯、硝基苯。

① 实验条件：

a. 仪器：UV－2450 型紫外－可见分光光度计；

b. 波长扫描范围 200～400nm；

c. 带宽 10nm；

d. 石英吸收池；

e. 参比溶液：使用溶解样品的相应溶剂；

f. 扫描速度 200nm/min。

② 实验步骤：

根据实验条件，将适量样品溶于环己烷中，将 UV－2450 型紫外－可见分光光度计按操作步骤进行调节，若仪器正常即可测定各试液的紫外吸收光谱。

③ 数据处理：

a. 记录实验条件；

b . 以标样苯、甲苯、硝基苯紫外吸收光谱判断试样中是否含有芳香族化合物。

（2）红外吸收光谱鉴定（IR）：

仪器：红外分光光度计、密闭液体池；

试剂：苯、甲苯、硝基苯、环己烷。

① 实验条件：

a. 红外分光光度计；

b. 测量波数范围 $4000 \sim 250 cm^{-1}$；

c. 参比物：空气；

d. 室温 $18 \sim 20℃$；

e. 相对湿度 $\leqslant 65\%$。

② 实验步骤：

a. 分别将苯、甲苯、硝基苯标样放入到 0.03mm 密闭液体池；

b. 将分离得到的有机相样品放入 0.03mm 密闭液体池；

c. 将红外分光光度计按仪器的操作步骤进行调节然后分别绘制有机相样品红外吸收光谱。

③ 数据处理：

a. 记录实验条件。

b. 记录三种标样红外吸收光谱图上各基团基频峰的波数及其归属，并讨论这三种同分异构体在红外光谱图上的异同点。

c. 在所绘制的有机相混合样的红外吸收光谱图上记录特征基团的吸收，见表 12.1，然后进行比较。

表 12.1　数据记录

物 质 种 类	特 征 吸 收
苯（标样）	
甲苯（标样）	
硝基苯（标样）	
有机相	

d. 结论：通过有机相样品中特征吸收与标样比较，判定样品是否含有苯、甲苯、硝基苯。

4. 定量分析：

由定性分析结果，确定样品中含有苯、甲苯、硝基苯，然后对每种组分用气相色谱法分别进行定量。

（1）仪器：气相色谱仪、色谱柱、氮气、微量注射器

（2）试剂：苯、甲苯、硝基苯；

按表 12.2 配制一系列标准溶液分别置于三只 100mL 容量瓶中，混匀备用。

表 12.2　标准溶液配置

编　号	苯/g	甲苯/g	硝基苯/g
1	0.66	3.03	2.16
2	1.32	3.03	4.32
3	1.98	3.03	6.48
4	2.64	3.03	8.64
5	3.30	3.03	10.80

（3）实验条件：

固定相：邻苯二甲酸二壬酯 6201 担体(15：100)60~80 目；

流动相：氮气，流量为 15mL/min；

柱温 110℃、汽化温度 150℃；

检测器：热导池，检测器温度 110℃；

桥电流 110mA；

衰减器 1/1；

进样量 3μL。

（4）实验步骤：

① 称取未知试样（有机相）11.06g 于 25mL 容量瓶中，加入 0.61g 乙苯混匀备用。注：本实验选用乙苯作内标物。

② 根据实验条件，将色谱仪按操作步骤调节至可进样状态，待仪器的电路和气路达到平衡，即可进样。

③ 依次分别吸取上述各标准溶液 3~5μL 进样，记录色谱图，重复进样两次。

④ 在同样条件下，吸取已配入甲苯的未知试样 3μL 进样，记录色谱图，并重复进样两次。

（5）数据处理：

① 记录实验条件。

② 测量各色谱图上各组分色谱峰高，并填入表 12.3。

表 12.3　数据记录

编号	$h_{苯}$/mm				$h_{甲苯}$/mm				$h_{乙苯}$/mm				$h_{硝基苯}$/mm			
	1	2	3	平均值	1	2	3	平均值	1	2	3	平均值	1	2	3	平均值
1																
2																
3																
4																
5																
未知试样																

③ 以乙苯作内标物质，计算 m_i/m_s，h_i/h_s 值，填入表 12.4 中。

表 12.4 数据记录

编　号	苯/乙苯		甲苯/乙苯		硝基苯/乙苯	
	m_i/m_s	h_i/h_s	m_i/m_s	h_i/h_s	m_i/m_s	h_i/h_s
1						
2						
3						
4						
5						
未知试样						

④ 绘制各组分 $h_i/h_s - m_i/m_s$ 的标准曲线。

⑤ 根据未知试样的 h_i/h_s 值,于标准曲线上查出相应 m_i/m_s 值。

⑥ 按下式计算未知试样中苯、甲苯、硝基苯百分含量。

$$\% c_i = \frac{m_s}{m_{试样}} \frac{m_i}{m_s} \times 100$$

实验 3　空气中甲醛的测定方法研究(研究性实验)

一、实验目的

1. 查阅相关文献,了解空气中甲醛的测定方法,综合所查内容完成有关测定方法的综述。

2. 选择一种实验方法进行研究。

3. 测定空气中甲醛含量。

4. 熟悉空气样品的采集和制备方法。

二、实验指导

1. 空气中的甲醛测定方法常用的方法有分光光度法、脉冲微分极谱法、高效液相色谱法和气相色谱法等。

2. 在综述中要介绍各种测定方法的原理、特点和应用情况。

3. 选择一种方法从灵敏度、检出限、重现性、准确度、干扰等方面进行研究。

4. 采用空气采样器采集样品。

参 考 文 献

1　李克安等. 分析化学教程. 北京：北京大学出版社，2005

2　魏福祥等. 现代仪器分析技术及应用. 北京：中国石化出版社，2011

3　魏福祥，韩菊，刘宝友. 仪器分析原理及技术. 北京：中国石化出版社，2011

4　俞英. 仪器分析实验. 北京：化学工业出版社，2008

5　张晓丽等. 仪器分析实验. 北京：化学工业出版社，2006

6　韩喜江. 现代仪分析实验. 哈尔滨：哈尔滨工业大学出版社，2008

7　吴性良，朱万森. 仪器分析实验. 上海：复旦大学出版社，2008

8　佘振宝，姜桂兰. 分析化学实验. 北京：化学工业出版社，2006

9　姚思童，张进. 现代分析化学实验. 北京：化学工业出版社，2007

10　张济新，孙海霖，朱明华. 仪器分析实验. 北京：高等教育出版社，2004